青春文庫

DNA、言語、食、文化…が解き明かす

日本人の源流

小田静夫[監修]

青春出版社

監修のことば

歴史のはるか彼方に存在した自分の祖先、日本人のルーツに思いを馳せたことのある人は多いだろう。

文字による記録もなく、多くの謎につつまれた太古の昔を探るのは容易なことではないが、このロマンあふれる問いには、現在に至るまで、考古学をはじめ、人類学、言語学、分子生物学、民俗学など多岐にわたる学問、さまざまな立場からアプローチがなされてきた。

現代人の直接の祖先であるヒト＝ホモ・サピエンスが誕生したのは今から約10万年前のアフリカでのこと。その後、アフリカを旅立った人類は、世界各地に散らばっていった。

東に向かったホモ・サピエンスの前に立ちはだかっていたのはヒマラヤ山脈だっ

た。ここで北回りと南回りに分かれた二つの集団は、一方はシベリア、一方はインドネシアにたどりつく。そして曲折を経た後、極東の地・日本で再び出会うことになるのである。

いったい彼らはどのような経緯でアフリカから遠く離れたこの地にまで至ったのか。彼らは何を考え、どこでどのような生活を営んでいたのか。我々に連なる日本人とその文化はその後、どのように形成されたのか。

さまざまな角度から検討することによって、日本人の来歴が浮かび上がるであろうと考え、手がかりとなり得るものは可能な限り取り上げている。

数々の新たな遺跡発掘によってわかったこと、DNAの分析によって判明したこと、言語をはじめ文化や風習のルーツから確認できること等々、いくつもの事実を集約した結果、見えてきた〝日本人の源流〟とはいかなるものか。本書を通じて、そのルーツに迫ってみたい。

２０２１年12月

小田静夫

DNA、言語、食、文化…が解き明かす 日本人の源流＊目次

制作■新井イッセー事務所
カバーイラスト■Adobe Stock
DTP■フジマックオフィス

プロローグ　日本人のルーツをたどる

■日本人のルーツ研究の現状は

近年、「日本人のルーツ」について、新たな発見があったという新聞記事が幾つか掲載された。この成果をもたらしたのは、人類学研究部門で従来から行われてきた人間の骨格や歯などの「形態」を観察・計測し、統計的に処理し解析するという「形質人類学」的手法に対して、１９７０年代からの爆発的な分子生物学の発展で、人類学の分野でも骨や血液などに残された遺伝子の本体である「ＤＮＡ」を直接解析する方法が主流になったことである。

形質人類学の手法である骨などの表面的な観察では、相当熟達した経験と観察眼がなければ、人間の系統や血縁関係を調べることは難しかった。

しかし、骨や遺物に残されたＤＮＡを直接採取して解析することで、精度の高い情報を得ることが可能になった現状があるのだ。

ここで紹介する三つの記事は、新しい手法によって解明された最新の「日本人のルーツ」に関する成果である。

■西北九州弥生人をめぐる新たな説

２０１９年7月23日の『朝日新聞』に「縄文人直系でなかった西北九州弥生人　ゲノム解析で判明」という記事が掲載された。

弥生時代の九州にいた弥生人は、北部九州に大陸から渡来した渡来系弥生人、鹿児島県周辺の南九州弥生人、西北九州に分布する弥生人の三つに大別される。そのなかで西北九州弥生人は、渡来系弥生人の影響が少なく、いわば縄文人直系の形質的特徴を持っていた。

記事によると、国立科学博物館などのグループが、長崎県佐世保市にある下本山岩陰遺跡の古人骨に残された遺伝情報を解析した結果、縄文人と現代日本人の中間に位置していたことが判明したという。

これまで縄文人の直系と考えられていた西北九州の弥生人だが、渡来系弥生人との間で混血が進行していた可能性が高くなったという。

■港川人は私たちの先祖か？

また、２０２１年6月13日の『朝日新聞』には「日本人の祖先は『港川人』？

旧石器時代、ＤＮＡで解析」という記事が掲載された。

　これまでの説では、日本人の起源は、約1万４０００年前から北海道から沖縄まで広く分布していた縄文人と、その後約２０００年前に大陸からやって来た渡来人が混血した弥生人にさかのぼるとされていた。

　１９７０年に沖縄で発見された港川人は、約2万年前の旧石器時代の沖縄に生活していたとされている。顔以外の形質的な特徴が縄文人と似ていないこともあり、両者の関係は不明であった。

　今回、総合研究大学院大学や東邦大学などの研究チームが、港川人1号の右大腿骨から抽出したミトコンドリアＤＮＡの解析を行い、現代の日本人や縄文人、弥生人に共通して多く見られるタイプの遺伝子の特徴を持っていることが判明した。

　ミトコンドリアＤＮＡは母から子に受け継がれる特徴があり、その際に起こる突然変異によって、親子でも僅かな違いが生じる。ＤＮＡに残るこの痕跡を比較すれば、その個体や集団の系統性をさかのぼることができる。

　分析の結果、港川人1号人骨は、大きく分けると現代の日本人や縄文人、弥生人に共通して見られるタイプの遺伝子の祖先型の特徴を持っていることが判明した。

ところが、さらに細かく分類してみると、縄文人や弥生人、現代の日本人の遺伝子の特徴とはかなり異なっているという事実もわかり、共通の祖先グループに属することは確かなものの、今のところは現代日本人の直系の祖先とはいい難いということにもなる。分析した現代の日本人約２０００人の中には、港川人1号と同じ遺伝子の特徴を受け継ぐ直系の子孫はいなかったという。

それでも港川人と縄文人の関係が見えてきたことで、日本人のルーツに関する研究が進んだのは明らかだ。この発見が「港川人は日本人の祖先であるか否か」というこれまでの議論に一石を投じる結果となったことは間違いない。

■現代日本人の祖先

次いで2021年9月18日には、「現代日本人の祖先、古墳時代に誕生？」（『朝日新聞』）という記事が掲載された。

これまでの日本人のルーツは、日本にいた縄文人と大陸から渡来した弥生人の混血説が有力であった。今回、金沢大学、鳥取大学などの国際研究チームが、金沢市の岩出横穴墓から出土した約１５００年前の古墳時代の人骨をＤＮＡ解析したところ、縄文人や弥生人にはなく、現代日本人に見られる東アジア人特有の遺伝的な特徴が見つかり、米科学誌『サイエンス・アドバンシズ』に発表した。

研究チームは約9000年前の縄文人や約1500年前の〝古墳人〟など、計12体のDNAを解読したうえで弥生人2体のデータなどと比較し、親から子に生じる僅かな変異の痕跡を追った。

すると、弥生人については中国東北部の遼河流域など北東アジアで多く見られる遺伝的な特徴と、縄文人との混血が確認された。

古墳人は東アジア人に多く見られる特徴があり、現代人との遺伝的な一致も判明した。

大陸からの渡来人は弥生時代にやって来たとされている。今回の研究結果を得て、継続的に渡来してきた漢民族などの集団が古墳時代の日本に織物や土木などの新技術を伝えたと考えているという。

これは、日本人が縄文、弥生、古墳の三つの祖先集団から成っていることを示す初めての証拠である。弥生時代後半には「邪馬台国」が栄え、その後、古墳時代に移行し、古墳人の登場によって現代につながる「祖先集団」が初めて誕生したことを示唆しているという。

　ここに挙げたニュースはほんの一例であり、科学の進歩によって毎年たくさんの遺跡や遺物から新事実が解明され、それまでの常識が簡単にひっくり返るような発見もある。考古学とは実にエキサイティングで革新的な学問なのだ。

■人類の旅はアフリカから始まった

　ここから話は人類の誕生までさかのぼる。

　日本というと、もちろん我々が住む国を指す。統一国家らしきものは3世紀ごろから始まったヤマト王権によるものとされており、それ以前の日本列島に日本国は存在しなかった。

　しかし、そこに住む人々を日本人と考えれば話は別だ。我々の起源をたどる上で日本人と呼ぶ場合、日本列島に住むヒト集団のことだと理解すればいい。その意味で日本列島人という言葉を使う研究者もいる。

　日本人、あるいは日本列島人はどこから来たのか。源流までさかのぼれば、アフリカに行き着く。ヒトはアフリカ東部で生まれたとする人類アフリカ起源説は、すでに常識となりつつあるからだ。

かつては東アジア人の祖先が北京原人、ヨーロッパ人の祖先がクロマニヨン人と考えられていた。また新たに発見された人類化石によって、さまざまな種類の人類が存在していたこともわかってきている。

しかしそうした人類の系統は現代まで子孫を残せず、数万年前までに絶滅した。全ての現代人は、アフリカで生まれたヒト＝ホモ・サピエンスを共通の祖先としているのだ。

人類アフリカ起源説は、さまざまな分野の科学によって支えられている。とりわけ最近になって研究を後押ししたのが、ＤＮＡや体内で作られるタンパク質を調べる分子生物学だ。

それによると現生動物でヒトと特徴が最もよく似ているのは、類人猿の中のチンパンジー、そしてピグミーチンパンジーとも呼ばれるボノボだ。この2種は今も昔もアフリカにしか生息していない。従って人類が類人猿と枝分かれして進化したのも、アフリカが舞台だったことになる。

一方で従来からの人類学も、人類アフリカ起源説に有力な証拠を示している。これまで発見された200万年以上昔の人類の化石は、全てアフリカで見つかったものだ。またこれら信頼できる最古のヒト化石も、やはりチンパンジーと共通する特徴を多く持っている。

チンパンジーの仲間からヒトが枝分かれしたのは、およそ700万年前とするのが定説だ。2001年にアフリカ中部のチャドで発見された最古の人類化石も、700万から600万年前に生息していた猿人・サヘラントロプスのものとされている。その他タンパク質の分析でチンパンジーなどから進化した時間を調べても、やはり結果はほぼ同じだ。

700万年前に誕生した人類は、その歴史の大半をアフリカで過ごした。ネアンデルタール人や北京原人の祖先は180万年前にユーラシア大陸へ進出したが、現代人に連なるヒトのグループはアフリカにいた。ようやく20万年ほど前になって、そこで最初のヒト＝ホモ・サピエンスが誕生するのだ。

ホモ・サピエンスが他の大陸へ移動し始めるのは、およそ10万年前のことだ。ただしなぜ彼らがアフリカを離れたかは、まだよくわかっていない。アフリカの動物がユーラシア大陸へ移動し始め、それを追っていったという説もある。その一方で、アフリカから離れないで留まった集団もあった。これが黒人＝ネグロイドの祖先だ。

アフリカを出発したグループはまず中近東へ渡り、そこから東西へ向かった。西へ移動したグループは約4万年前に現在のヨーロッパに住みつき、白人＝コーカソイドの祖先となる。反対に東へ移動したグループは、長い時間をかけて世界各地へ広がっていった。そうした旅の果てにたどり着いた場所の一つが、現在我々が住む日本列島だったわけだ。

■ヒマラヤ山脈が隔てた二つのモンゴロイド

6万年前、中近東から東を目指して遠大な旅を始めたホモ・サピエンスの集団が、日本人を含むモンゴロイドの祖先だ。

しかしその道程にはすぐ、大きな壁が立ちはだかった。ヒマラヤ山脈だ。彼らはそこで北回りと南回りの二手に分かれた。そして長い時間を経た後、一方はシベリアに、一方はインドシナ半島まで到達する。

両者の旅は、大きく明暗を分けることになった。アフリカ生まれのホモ・サピエンスは、当然ながら寒さに弱い。北回りを選んだグループを待っていたのは、ステップと呼ばれる丈の短い草原に覆われた中央アジアの厳しい冬の寒さだった。

その道程が困難だったことは、それぞれが到達地点までに要した時間からも窺える。インドシナ半島にホモ・サピエンスが住み始めたのは5万年前ごろだが、シベリアではそれより2万年遅い3万年前のことだった。

気候の違いは、両者の外見に大きな相違をもたらす。

最初のモンゴロイドは、現在アフリカで暮らすネグロイドと似た外見だった。肌の色が濃く、体つきが細長く、二重まぶたがはっきりした彫りの深い顔つきをしていたようだ。ルーツが同じなのだから、これは当然だろう。

しかしこれは熱帯のアフリカで獲得した身体的特徴で、中央アジアやシベリアでは生存に適さない。

哺乳類の場合、皮膚の色の濃淡を決めるのはメラニン色素の量である。これは細胞内に存在する黒褐色または黒色の色素だ。メラニン色素は、紫外線の吸収を調節するためにあると考えられている。つまりメラニン色素がたくさんあると、過剰な紫外線から身を守ることができるわけだ。

しかし一方で、紫外線は体内でビタミンDを作るのに欠かせない触媒でもある。

そのため紫外線が少ないところでは、メラニン色素も少ない方が生存に有利となる。いうまでもなく赤道に近いアフリカは紫外線が多い。従ってヒトの皮膚もメラニン色素が増えて濃い色になる。反対に赤道から離れると、ビタミンDを効率よく作るために皮膚の色が淡くなる仕組みだ。

中央アジアやシベリアに移動したグループでは、寒さに強い特徴を備えた者同士が生き残って交わるうちに、新モンゴロイドが登場した。つまり、北回りのモンゴロイドは、厳しい寒さに適応するための身体的特徴を獲得していったのだ。

体つきや顔つきと気候には関係がある。寒い地方に住む恒温動物は暑い地方の同種に比べて体の凹凸が少なくなるという「アレンの法則」、体が大きくなる「ベルクマンの法則」だ。

哺乳類は外気の温度に関係なく体温を一定に保つ恒温動物であるため、暑いところでは熱を逃がさなくてはいけないし、寒いところでは熱を貯め込む必要がある。

その仕組みは、お湯が冷めていく様子を想像するとわかりやすい。同じ量のお湯をコップに注ぐと冷めにくいが、広い皿に薄く浅く注ぐとすぐに冷たくなる。つまり体積が同じであれば空気に触れる表面積が大きいほど熱が逃げやすいわけだ。

ヒトの体も基本的にこれと同じ仕組みになっている。たとえばネグロイドの体つきがスリムなのは、表面積に対して体積を減らして、熱を逃がすためだ。またヨーロッパ人でも、北欧人の方が南欧人より体が大きいのは熱を貯めこむためである。北回りの旅に出たモンゴロイドは、北欧人とはまた異なった方向へ進化した。彼らの体は、小柄でずんぐりしたものになっていったのだ。これは表面積に対して体積を大きくした結果といえる。

加えて大きく変化したのは顔つきだ。大きく突き出た鼻は、凍傷を招く恐れがある。そのため次第に平板な顔つきが主流となった。

まぶたも薄い二重でなく、一重が目を覆っている。特に目頭を覆うように被さる一重まぶたは、現在でいう蒙古ひだの原型だ。さらに眉毛やまつ毛なども、氷結を防ぐために薄くなっていった。

北回りのモンゴロイドと南回りのモンゴロイドの外見は、現在までそっくり受け継がれている。東南アジア人は概して肌の色が濃く、手足が細くて彫りが深い顔つきだ。一方、中央アジアから東アジアにかけて暮らす人々は、色白で一重まぶた、さらに平べったい顔つきが特徴だ。

この両者は、古モンゴロイドと新モンゴロイドとも区別される。アフリカ以来の身体的特徴を残すのが古いモンゴロイドで、寒さの中から新たな特徴を備えたのが新しいモンゴロイドというわけだ。

1万～2万年という長い時間をかけてアジアへ進出したモンゴロイドは、ヒマラヤ山脈を境に異なった人種へ進化した。そして古モンゴロイドと新モンゴロイドは、大陸の果てで再び出会うことになる。その舞台となったのが、極東に位置する日本列島だ。

■幻の大陸スンダランドと日本列島を結ぶ線

古モンゴロイドがたどり着いた東南アジアは、現在とはかなり様子が異なる。当時の地球はヴュルム氷期の最中で、結氷により海水の体積が減り、海岸線は現在より低かった。そのため、現在のインドネシア諸島やフィリピン諸島の多くがインドシナ半島と地続きになっていたのだ。今は海に沈んだこの広大な亜大陸は、スンダランドと呼ばれている。

スンダランドの気候は今の東南アジアとほぼ同じか、あるいは少し乾燥していたらしい。熱帯雨林などの緑に恵まれ、古モンゴロイドは食べるものに不自由しなかったはずだ。ここで彼らは人口を増やし、一帯の隅々にまで生活範囲を広げていった。

やがて、かつてアフリカを旅立ったように、スンダランドからも北や南へ移動する集団が現れる。現在のニューギニア、タスマニア、オーストラリアはやはり地続きの大陸＝サフールランドだったが、スンダランドとは後にウォレス線と名付けられた生物分布境界線がある深い海峡で隔てられていた。彼らは島づたいにこの海峡を越え、約５万年前にオーストラリア各地へたどり着いた世界最古の海洋航海民である。

この集団がオーストラリアの先住民であるアボリジニの祖先だ。ただし海を越えた理由は計画的な航海だったのか、あるいは偶然の漂流だったのかはまだわかっていない。

オーストラリアとニューギニア全域に広がった彼らは、オーストラロイドとも呼ばれる。

現在の彼らのルーツは我々と同じモンゴロイドだったわけだ。

一方、北に向かった集団はインドシナ半島からシベリアまで一直線に上っていった。そして東アジア一帯に生活場所を広げていく。やがてその中の集団が、大陸の東端に到達した。その終着点が他でもない、当時一部分が大陸と繋がっていた日本列島だった。

彼らはやがて日本列島の各地に散らばり、縄文人の祖先となったとみられる。そうした古モンゴロイドの一群と思われる化石人骨が、1970年に沖縄県具志頭村《ぐしかみそん》の港川《みなとがわ》石灰岩採掘場から見つかった。

港川人はおよそ1万8000年前の化石とされる。数体分が出土し、日本列島で見つかった更新世化石人骨の中では最も保存状態がいい資料だ。小柄な縄文人よりさらに小柄で原始的な特徴を備えているが、顔立ちや顎などには初期の縄文人と共通した点が多い。

しかし、前述したように港川人と縄文人は同じカテゴリーに属してはいるものの直系関係にはなさそうだというのが現状だ。

港川人が日本へ至った経路には、いくつかの説がある。一つは、スンダランドから一直線に日本を目指したという説だ。その根拠は、インドネシアのジャワ島東部で見つかった更新世の化石人骨である。

ワジャク人と呼ばれるこの人骨は、他の地域の人骨より港川人との共通点が多い。そのためワジャク人が今はない陸地を通って、あるいは筏《いかだ》で海上を渡り真っ直ぐ北上して、港川人となったのではないかと考えられている。

一方で中国を経由して渡ったとする説もある。これは柳江人《りゅうこうじん》と呼ばれる人骨との類似性が根拠となっている。柳江人は現在の中国南東部の、ベトナムと国境を接した広西チョワン族自治区で見つかった化石人骨だ。

他にも、柳江人よりさらに北、現在の北京《ぺきん》周辺が港川人のルーツとする説がある。そこで見つかったのは山頂洞人《さんちょうどうじん》と呼ばれる化石人骨だ。山頂洞人は、やはりワジャク人、柳江人とともに、港川人との共通点が認められる。しかし現在は、このうちで最も似ているワジャク人を祖先とする説に傾きつつあるようだ。

港川人以外にも当時の古モンゴロイドとみられる化石人骨がいくつかある。沖縄本島よりさらに南、宮古島で出土したピンザアブ洞人もその一つだ。年代は2万6000年前と推定されている。ピンザアブ洞人の身体的特徴は、港川人よりもさらに原始的な点が多い。こうした点から、港川人に先行して日本列島へ渡った集団と考えられている。

また静岡県浜北市の石灰岩採掘場からも、古モンゴロイドと思われる化石人骨が見つかった。浜北人と名付けられたこの人骨は、1万4000～1万8000年前のものとみられる。年代は縄文時代の始まりよりやや古いが、やはり縄文人との類似点が多い。

古モンゴロイドは、スンダランドから着々と日本列島へ渡り住んだ。一方で、彼らとは反対のルートで日本列島へ入った集団もあると考えられている。スンダランドを北上した古モンゴロイドの中には、そのまま現在の朝鮮半島やシベリアまで移り住んだ集団もいた。そしてやはり沿海州と地続きだったサハリンから、北海道に入ったというのだ。

この説を支えるのは、北海道で見つかった細石刃《さいせきじん》と呼ばれる組み合わせ石器である。細石刃はモンゴルを始め北アジアで広くみられる。つまり日本列島を素通りして北へ向かった集団が、細石刃を手に再び北海道から南下したようだ。

ただしここで注意したいのは、彼らの身体的特徴は寒さに適応していなかったという点だ。気候が動物の身体に変化をもたらすことはすでに触れたが、それが当てはまらない場合もある。

スンダランドからシベリアまで到達した古モンゴロイドや日本列島へ渡った集団も、それ以前の外見を保ったまま暮らしていた可能性が高い。従ってヒマラヤから北へ向かい、寒冷適応した新モンゴロイドとは、この点で明らかに異なる集団だったとみることができる。

中近東から東へ向かい、数万年の後にアジア全域に広がり、遠い日本列島にまでやってきたモンゴロイドだが、シベリアをさらに東へ抜け、ベーリング海峡から北米大陸へ渡った集団もいる。

彼らの北米移住は、およそ1万5000年前のこととされている。この集団は速いスピードで新天地を南下し、1万2000年前ごろにはすでに南米大陸の南端まで到達した。こうしてアフリカに発したヒト＝ホモ・サピエンスは、世界中の大陸へ進出していったのだ。

■縄文文化の担い手は誰か

南から、あるいは北から日本列島へ移り住んだ古モンゴロイドは、この新しい土地に根を下ろして定住生活を始めた。彼らは当時の温暖湿潤な気候の下、やがて豊かな文化を築いていく。こうして始まったのが、縄文時代だ。縄文時代の始まりを何年前と考えるかには諸説あるが、高校の日本史の教科書では約1万3000年前と記述している。

縄文時代は弥生時代が始まる約2300年前まで、約1万年にわたって続く。縄文時代の呼び名の由来となった縄文土器も、この間に飛躍的な発展を遂げている。最初は単に条線を入れただけの単純な深鉢形土器が使われていたが、縄文時代中期以降になると複雑な紋様を施した各種の装飾土器が使われるようになった。また集落も徐々に巨大化し、祭祀などの精神文化も高度に発達していく。

しかし、長い縄文時代を通じて変わらなかった点もいくつかある。その一つは狩猟、採集を主な生活の糧としていたことだ。一部で栽培の痕跡を窺わせる発見もあるが、本格的な農耕生活が始まるのは縄文時代の最末期から弥生時代の始まりにかけてである。

もう一つは古モンゴロイドの子孫と思われる人々によって営まれた時代という点だ。縄文人は食生活の向上などによって、体型が少しずつ変化していった。しかし遺伝的には縄文時代を通じて大陸と交流することがほとんどなく、日本列島で独自の発達を遂げたとみられる。

縄文人の風貌は、上顎から眉間までが短く、やや飛び出た眉間と四角ばった眼窩《がんか》を持ち、全体に彫りが深い印象だ。また目ははっきりした二重まぶたで、皮膚の色も比較的濃い。こうした点からわかるように、現代の一般的な日本人の感覚でいうところの「濃い顔つき」をしていたことが窺える。また平均身長も男性で約158センチメートル、女性で約147センチメートルと、かなり小柄だ。

彼らは日本列島のほぼ全域で暮らしていた。たとえば鹿児島県霧島市には、縄文時代初期の遺跡として有名な上野原《うえのはら》遺跡がある。ここでは約9500年前から約7500年前までの集落と祭祀跡地が見つかっている。土器や工芸品はかなり早い時期に発達したようだが、集落は約6500年前の鬼界カルデラの大噴火で滅亡したとされている。生き延びた者たちは、細々とまた北上の道をたどったらしい。

一方、縄文時代中期の遺跡としては三内丸山《さんないまるやま》遺跡が有名だ。令和3年7月にユネスコ世界文化遺産に登録された「北海道・北東北の縄文遺跡群」の構成資産であり、青森県青森市にあるこの遺跡は、約5900年前から約4200年前にわたって栄えたとされる巨大な集落跡地だ。

最盛期には約500人の人口を抱えていたともいい、縄文時代の遺跡としては最大規模の集落である。遺跡からは数百基の住居址や倉庫などの建築、墓、ゴミ捨て場などが見つかった。またヒョウタンやクリの栽培を示す痕跡がある他、琉球列島など遠隔地との交易を窺わせるヒスイ、黒曜石、イモガイ模造品などの装身具、呪具も出土している。最近では、掘削されたと思われる50メートル規模の溝の跡が発見され、話題を呼んでいる。

さらに、日本列島の最北端にも縄文遺跡はある。北海道礼文《れぶん》島の船泊《ふなどまり》遺跡は、縄文時代後期にあたる約3800年前から約3500年前の集落跡地だ。驚くべきことに、貝殻を加工した装飾品を大量に生産して、ロシアなど遠隔地と交易を行っていたらしいことがわかっている。

古モンゴロイドによって約1万年をかけて日本列島に高度な文化をもたらした縄文時代だったが、本格的な稲作と金属器を携えた人々の台頭によって終わりを告げる。次にやってきたのが、新モンゴロイドである弥生人が担う弥生時代だ。

■アジア大陸からの新たな来訪者

弥生人のルーツは北アジアに渡った新モンゴロイドだと考えられている。彼らは3000年前ごろまでに中国北東部や黄河流域、江南地域、朝鮮半島に南下した。そして縄文時代の終わりごろに、朝鮮半島を経由して日本列島に渡ってきたのだ。

渡来系弥生人とみられる人骨が初めて見つかったのは、山口県の土井ケ浜《どいがはま》遺跡だ。その容貌は、縄文人とは対照的な特徴を備えていた。まず眉間から上顎までが短かった縄文人と異なり、顔の骨が上下に長い。また眼窩も縄文人のように角ばっておらず、丸い輪郭をしている。さらに歯は全体に大きく、前歯が少し突き出した格好だ。

ここから窺えるのは、弥生人は細面でのっぺりした顔つきだったということ。さらに細い目と薄い唇、そしてよく発達したまぶたの脂肪、薄い体毛などが想像される。また弥生人は縄文人よりやや大柄で、男性の平均身長が164センチメートル、女性が150センチメートルほどであった。背が高い反面、肘と膝から先が縄文人より相対的に短い。

こうした特徴は、他でもない北アジアで寒冷適応した新モンゴロイドそのものだ。

つまりはるか昔に古モンゴロイドと袂《たもと》を分かった彼らが、縄文時代の終わりに日本列島へやってきたのである。

北アジア人を祖先とする新モンゴロイドが、この時期に日本列島へやってきたのはなぜか。理由の一つには、約4000年前に始まった気温の低下が挙げられる。寒さを逃れて南下した集団が朝鮮半島へ渡り、やがて玄界灘を越えて中国地方や北九州にたどり着いたというわけだ。

一方、現在の中国東部から東シナ海を渡ってやってきた集団もあったとみられる。当時の中国ではすでに縄文文化と比較にならない高度な黄河《こうが》文明が発達し、青銅器時代から鉄器時代へ移りつつあった。

紀元前770年に周王朝が遷都して東周が成立、同時に東周の他五つの国家が覇権を争う春秋時代が幕を開ける。さらに紀元前403年からは七雄が争う戦国時代へ突入した。後に紀元前221年、この戦乱を制して初の統一国家を築くのが秦の始皇帝である。

戦乱の犠牲となったのが農民たちだ。彼らは封建諸侯に搾取された上に兵隊としても徴用され、農村は戦争で荒らされた。そのため大勢の難民が発生し、大陸から押し出されるように日本列島へ渡ってきたらしい。

■極東の地で再び出会った二つの血統

渡来系弥生人は、重要な文化を日本列島へもたらした。その一つが水稲栽培だ。縄文時代にはすでに稲作が大陸から伝わり、陸稲作りがわずかだが始まっていた。しかし陸稲作りは収量が少なく、品質も劣る。水田で稲を育てる水稲作りは、縄文時代が終わるころから弥生時代になって初めて渡来系弥生人が運んできたものだ。

渡来系弥生人は、北九州や中国地方を舞台に水田稲作を始めた。狩猟、採集を主な糧とした縄文人と異なり、彼らは高収量の水田稲作を武器に人口を増やしていく。そして次第に東へと生活範囲を広げた。弥生時代を通じて近畿から東海、さらに関東西部や長野県あたりまで進出したとみられる。

縄文人は、少しずつ渡来系弥生人の勢力に押されていったようだ。たとえば九州では、水田稲作に適した福岡平野や佐賀平野に渡来系弥生人が残した遺跡が数多く見つかっている。反対に縄文人の遺跡は長崎県や五島列島など、山間部や海岸部に多い。恐らく農耕民である渡来系弥生人の進入によって、狩猟民である縄文人は平野から追われていったのだろう。

縄文時代が始まったころの日本列島の人口はおよそ2万人強とみられている。それが縄文時代前期には10万6000人、中期には26万人にまで増加していった。ところが後期に入ると16万人、晩期には7万5000人に減少していく。約4000年前に始まった気温の低下、あるいは狩猟、採集生活の行き詰まりなどが原因として挙げられるが、真相は定かでない。

しかし約2300年前に縄文時代が終わって弥生時代になると、人口は爆発的に増加する。5000年ほどという人類の歴史の中でみればわずかな期間で、日本列島の人口は60万人にまで膨れ上がるのだ。その後は多少の増減があったにせよ、順調に推移して現代に至っている。安定した食料事情を背景に人口が急激に増加したというわけだ。

勢力を拡大していった渡来系弥生人と縄文人の間で衝突が起こった可能性もあるが、勝負は目にみえている。

大陸から戦争の技術も持ち込んだ渡来系弥生人は、互いに土地を巡って争いを起こしていた。外敵の侵入を防ぐために彼らが作り出したのが、周囲に濠を巡らせた環濠集落だ。さらに紀元前1世紀には青銅製、1世紀には鉄製の短剣などが、朝鮮半島から伝えられる。そうした進んだ武器を持たない縄文人には、太刀打ちできる相手ではなかったのだ。

一方で、渡来系弥生人と縄文人が共存していたと窺わせる遺跡もある。たとえば弥生時代中期とされる神奈川県小田原市の中里《なかざと》遺跡がそうだ。ここからは大陸系の磨製石器や木製の農耕具とともに、縄文土器などが大量に出土している。両者がどのような関係にあったのかはわからないが、ともに暮らしていたことは間違いない。

新モンゴロイドの移民は、弥生時代の後も続く。3世紀から7世紀末までの古墳時代にも、朝鮮半島から大勢の渡来人が日本列島へ渡ってきた。彼らも中国地方や北九州を出発点に、東へ移動していくのである。

しかしこのころには、新たな身体的特徴を持つ集団が生まれていた。古モンゴロイドと新モンゴロイドの両方の特徴を備えた人々だ。つまり縄文系の人々と渡来人は混血を重ねていったのである。

こうして生まれたのが現在の日本人だ。混血といっても、渡来系弥生人の遺伝子が圧倒的に多い。しかし縄文系の遺伝子も現在まで着実に受け継がれており、地方によって両者の影響には差が残っている。同じ日本人でも、色白で細面の人と、色黒で彫りが深い人がいるのはそのためだ。

ヒト誕生の地であるアフリカを出発して東を目指したモンゴロイドの祖先は、ヒマラヤ山脈を隔てて二つに分かれた後に極東の地で再び出会い、現在の日本人を生み出したのである。

第1章
体の「刻印」は何を語るか

「日本人」の誕生

■ルーツ研究のはじまり

日本人はどこからやってきたのか。この疑問に対して初めて科学的なアプローチを試みたのは、日本人ではなかった。江戸時代末期に来日したドイツ人の医学者で植物学者のシーボルトだ。

オランダ商館の医師として長崎で働く傍らで日本の動植物・地理・歴史・言語を研究したシーボルトは、『日本動物誌』『日本植物誌』といった著作も残している。そうした研究の一方で、日本人のルーツについてこんな説を披露した。

北海道に住むアイヌ民族こそ日本人の祖先であり、そしてアイヌと沖縄の人々は同系統の人種だというのだ。

また、シーボルトの没後に明治時代の日本へやってきて、東京医学校（東京大学医学部の前身）で教育、研究にあたったドイツ人内科医のベルツも日本人には二つのタイプがあると論じた。ほっそりとした本土日本人と、九州南部あたりに暮らす全体的に丸い特徴を持った日本人だ。

彼らの研究はやがて日本人学者に引き継がれ、そこでまたさまざまな説が生まれては消え、やがて１９９０年代には「アイヌと琉球人の共通性」と「二重構造モデル」が基本的なテーマとして集約されていった。

ベルツは当初、その特徴からアイヌはヨーロッパ人だと考えていたというが、現在ではアイヌはモンゴロイドであり、遺伝的に本土日本人と極めて近い系統であることがわかっている。

また、アイヌと本土日本人はどちらも縄文系の子孫だが、本土日本人が弥生時代以降に大陸からの人々と盛んに混血したのに対して、アイヌは縄文系の多くの特徴を保ったまま現代に至った。

琉球人についても同様に、縄文人の特徴を色濃く残している。そう考えると、アイヌと琉球人に共通性があるのは当然といえる。実際、ミトコンドリアＤＮＡ等の科学的な分析からも、アイヌと琉球人が非常に似たタイプであることがわかっている。

■渡来系弥生人が遺した痕跡

一方で、本土日本人は弥生人の身体的特徴を持った人が多い。現代の日本人は、遺伝子の約7割が弥生系、約3割が縄文系を受け継いでいるといわれる。ただしこれは、あくまで平均的な数字だ。人によって縄文系の特徴を強く残していたり、あるいはその逆といったケースも多い。

こうした違いは、とりわけ地方によってははっきり表れる。

渡来系弥生人は、朝鮮半島を経て北九州地方に上陸して列島に広がっていったと考えられている。従って西日本が最も弥生系の影響を強く受け、逆に関東以北の東北、北海道、あるいは九州南部から沖縄といった離れた地域ほど、縄文系の特徴を色濃く残すようになる。

弥生時代後期には大陸から土木や織物などの先端技術を携えた渡来人がやってきて古墳時代を築いたが、やはり西日本を中心に分布するこの傾向は古墳時代以後も変わらない。

渡来系弥生人、そして古墳時代を通じて日本へやってきた渡来人たちがどのように日本列島へ広がっていったかについては、日本史をたどるとわかりやすい。

水稲作りの技術を携えて日本へ渡って定住した渡来系弥生人は、効率的な食料生産を背景に人口を増やし集落を形成していった。その中で縄文人と混血し、徐々に弥生系の遺伝子を持った人種に置き換えられていったと考えられている。

但し、人口増加は集落同士の対立ももたらした。水稲作りに必要な広い土地、あるいは互いに貯えた食料を奪い合うようになったのだ。

彼らは大陸から戦いの技術や金属器も運び込んだため、争いは縄文時代にはみられなかったほど過熱していったようだ。

そうすると当然の成り行きとして、生き残りをかけて他の集落を従えた、より大きな集団が現れ始める。こうして戦いを重ねるにつれ、集落は大きな富と権力を握る大集団に束ねられていった。

1世紀ごろに成立した中国の史書『漢書』は、当時の日本列島の様子を伝える最古の史料だ。それによると日本は「倭」と呼ばれ、100近い小国が分立していたという。やがてこの中から、30ほどの小国を従えた政治的連合というべき大集団が現れた。これが3世紀に書かれた『魏志倭人伝』に登場する邪馬台国だ。

しかし邪馬台国は266年に中国の晋へ貢ぎ物を送ったという中国側の記述を最後に、歴史から姿を消す。代わっておよそ100年後に新たな勢力が興った。これが後の大和政権となる。周知の通り大和政権が作り出した支配体制は、後の日本列島における国家の原型として現在まで関わりを保ち続けているのだ。

■大和朝廷に服属しなかった人々

大和政権は本来、現在の奈良県を中心とした諸豪族の連合体だった。しかし4～5世紀までに東北地方以遠《いえん》を除く日本列島の大半を統一し、日本における本格的な国家の先駆けとなる。

邪馬台国の後を継いで大和政権が成長した時代は、同時に壮大な古墳が各地に作られた古墳時代とも重なっている。

またこの時代に朝鮮半島から先進的な文物や技術者、学者などが盛んに招聘《しょうへい》され、大和政権の発展に役立っていたことも見逃せない。古墳や出土品も朝鮮半島のそれと共通点が多いことから、当時の北九州、西日本、朝鮮半島南部を一つの文化圏と見なす研究者もいるほどだ。

大和政権は６４５年の大化の改新によって、律令制の朝廷へと変貌していった。そして中央集権国家として支配体制を強化するとともに、勢力範囲の拡大に力を入れる。西日本はすでに朝廷の支配下にあったが、日本列島各地にはまだこれに服属しない小勢力が存在していたのだ。

そうした勢力の一つに、蝦夷《えみし》と呼ばれた人々がいる。彼らは東北地方から北海道にかけて暮らしており、朝廷とは異なる言語や風俗を持っていた。８世紀後半になると、蝦夷は朝廷に対して反乱を繰り返すようになる。平安時代初期、これを征討するために派遣されたのが征夷大将軍だ。

一方、西にも朝廷に服属しない集団があった。九州南部に暮らしていた隼人《はやと》と呼ばれる人々がそれだ。彼らもやはり朝廷と風俗習慣を異にしており、しばしば反抗を重ねた。また『日本書紀』や『古事記』には、熊襲《くまそ》と呼ばれる集団も登場する。これは九州南部にいたとされ、日本武尊《やまとたけるのみこと》によって征討された伝説でも知られている。

当時の朝廷にとって東北や北海道、あるいは九州南部は、異質な文化を持った集団が住む異邦の地だった。

言葉も習慣も異なる蝦夷や隼人、あるいは熊襲は、同じ日本列島の住人同士でありながら、外国人のような存在だったのだろう。そうした事情の背景には、やはり渡来系と在来系の人々の隔たりがあるように見受けられる。朝廷側は渡来系弥生人の血を強く引いており、文化もまた朝鮮半島などの影響を受けていた。

一方の蝦夷や隼人といった人々は縄文系の系統を忠実に保っていたと考えられる。つまり北九州などから日本へ入った渡来人は、日本列島の北から南まで完全に浸透したわけではなかったのだ。

縄文時代の約1万年という長い年月の間に、日本列島に定住していた人々は遺伝的に均質化していった。そこへやってきた渡来人は、縄文人と混血を繰り返しながら勢力を東西へ広げた。そうして追いやられた人々、あるいは渡来人の影響を受けなかった人々が、日本列島の北と南に残されたわけだ。

従って両極に位置するアイヌと琉球人は、結果的に渡来人以前の系統を現在まで強く残すことになった。

骨は語る

■港川人のルーツをたどる

アフリカで生まれたヒト＝ホモ・サピエンスが出アフリカを開始し、その集団の一部が東アジアに進出したのは約4万～5万年前のことだということがわかっている。現代の地球上にみられるすべての人種の祖先はアフリカで誕生したホモ・サピエンスで、その後に分化が進んだものだ。

他人の外見は、たとえばリンゴなどよりは遥かに意識して観察する。そうした目でみれば、人種間の遺伝的な違いは大きいように思えるかもしれない。しかし遺伝子レベルでの差は、およそ1000分の1との説もある。

さらに、たとえばネグロイドとモンゴロイドの間にも、中間に位置する夥《おびただ》しい数の人種がグラデーションをなしている。その意味で人種の違いは、極めて曖昧なものといえるだろう。

しかしこの僅《わず》かな差も、日本人の起源を探る上で大きな手がかりとなる。出土した人骨を詳しく調べれば、その骨の持ち主がどうしてそこへたどり着いたか、あるいはどうしてそのような骨格になったのかが浮かび上がってくるのだ。

外観から人種を調べるポイントは、皮膚色、頭髪の色や形、目の形などさまざまある。しかし皮膚や髪は化石として残らないため、現代人が得られる過去の人類の情報は骨や歯によるものとなる。そこで、調査のポイントとなるのが次の3点だ。

一つ目は頭の形。定められた方法で頭の前後の長さ＝頭長、幅＝頭幅、高さ＝頭耳高などを計測する。

二つ目は顔の形。やはり頭の形と同様に、顔全体から目、鼻、口、耳などの特徴を計測する。

三つ目は全身の体型で、身長、座高、肩幅、腕や足の長さを計測する。全身が出土しなくても部位がわかれば、おおよその全身像が窺い知れる。さらに比上肢長、比下肢長といったバランスを示す数値を求めて、他の人種との比較に用いられているのだ。

こうした視点から、日本人の起源を探るのに貴重な史料となっているのが、１９７０年前後に沖縄県で出土した港川人の人骨である。

沖縄県本島南部の具志頭村にある港川石灰岩採石場から発見された人骨は5～9個体分ある。そのうち4体は全身の状態がよく、また「港川Ⅰ号」と名付けられたほぼ完全な状態の男性の頭骨も出土している。

港川人の全身を一見してわかるのは、体が小さいことだ。推定身長は男性で150～155センチメートルほどであり、小柄で知られる縄文人男性の平均身長158センチメートルよりさらに小さい。

また骨盤や大腿骨はどっしりとたくましいのに比べて、鎖骨が短く上腕骨が細いなど上半身が華奢という特徴もある。

そして頭骨をみると、骨が厚い。頭頂部で現代人の約1・5倍に相当する8ミリメートルの厚さだ。また脳の容積は現代人男性の平均よりやや少なく、1390立方センチメートルである。

頭全体の形は現代人より前後に長く、顔は額が狭く眉間が突出していて、鼻の根元はくぼんでいる。顎がやや奥まっているのも特徴的で、縄文人に近い彫りの深い顔であることがわかったのだ。

1万8000年前に現在の沖縄で暮らしていた港川人が、どのようなルートをたどってそこにたどり着いたかについては、はっきりしない。これまで、インドネシアのジャワ島周辺にいたワジャク人、中国南東部の広西チョワン族自治区の柳江人、北京周辺の山頂洞人が、港川人との類似性を指摘されてきた。このうち、港川人の祖先として有力視されてきたのはワジャク人だ。

港川人とワジャク人、それぞれの頭骨にみられる類似性はおおむね次のようになっている。まず真上からみたシルエットは、港川人もワジャク人も菱形と卵形の中間のような形だ。これに対して柳江人と山頂洞人は、前後に長い楕円形をしている。また額は港川人とワジャク人が比較的狭いのに対して、後の二者は左右に広い。

この他眼窩上部の隆起や側頭筋の発達の仕方など、やはり柳江人と山頂洞人よりはワジャク人の方が港川人と共通している。こうした点から現在のジャワ島、かつて東南アジアに広がっていた陸地、スンダランドから港川人は移動してきたと考えられるようになったわけだ。

もちろんこれだけの根拠で、港川人とワジャク人の繋がりを断定するのは早計だが、両者が現れた1万8000年前は、氷期の海面下降がピークに達した時期でもある。そのためインドネシアから沖縄にかけては広大な陸地が出現していた。

そこに到達していた集団が北や南に拡散していったことも遺伝子解析によって明らかになっている。ワジャク人と同系統の人々が北上して日本列島の南端まで移り住んだとしても、決して不思議ではない。

こうして骨から得られる情報によって徐々に港川人の足取りが明らかになったこと、さらには顔の特徴が縄文人に限りなく近いことから、港川人は縄文人の祖先であることに間違いないと思われた。

ところが２０１０年になって、港川人の下顎の骨が実際よりも幅広く復元されていたことがわかった。コンピュータ上で修正したところ、角張った縄文人の顔とは異なるほっそりとしたイメージの顔が再現されたのだ。

再現に関わった専門家は、似ていないのは本土の縄文人であって、沖縄の縄文人との比較ではないとしている。この新たな情報は、港川人が縄文人の祖先ではないと断定するものではない。

■人骨の破損が意味するもの

港川人の化石骨が埋まっていたのは、石灰岩の割れ目（フィッシャー）だった。

つまりそこは他の遺跡でよくみられるような住居跡でなく、雨水などで死体が押し流された場所だったらしい。従って港川人の暮らしがどんなものだったかは、この人骨から推測するしかない。

しかし幸いなことに、港川人は豊富な手がかりを残してくれている。見つかった人骨は全身がよく揃ったものが4体、他におよそ5体分に上る骨が含まれていた。土壌の性質から骨が残りにくい日本では、かなり恵まれた発見例といえるだろう。

これらの人骨を縄文人のものと比較してみると、縄文人の手足の骨は筋肉がよく発達していたことを示す特徴が多い。たとえば上腕骨や大腿骨の筋肉がつく部分が隆起している、鎖骨が長いといった点だ。

これに対して港川人は鎖骨が短く、上腕骨も細い。ところが大腿骨は、全身のバランスに対して相応な大きさがある。さらに下腿骨は太く発達し、足も大きくたくましい。また骨盤もどっしりと大きな作りになっている。つまり港川人は上半身が華奢な反面、しっかりした下半身を備えていたわけだ。また手の甲は比較的大きく頑丈で、握力が強かったことを示している。

この他歯や顎の特徴も見逃せない。港川人の頭骨を調べると、咀嚼筋、つまり噛むための筋肉がよく発達していたことがわかる。またそれと呼応するように、歯は著しくすり減っていた。

こうした特徴から浮かび上がる港川人の暮らしは、次のようなものだ。

まず噛む力の強さとすり減った歯は、困難だった食生活を物語っている。恐らく固い木の実のような粗末な食料を盛んに食べていたのだろう。同時に歯を道具として使っていたことも窺える。

当然のことながら栄養状態はよくなかった。そのためエネルギー消費が激しい重労働を避けて、必要最低限の狩猟、採集生活を送っていたと推測される。か細い上半身の骨格は、恐らくこうした生活から生まれたものであろう。

一方で、彼らの文化や風習を窺わせる痕跡もある。港川人4号の女性人骨は両腕の同じ部分が同じ形で破損しているのだ。恐らくこれは死んでから人為的につけられた傷と思われる。どんな感情によるものかはわからないが、港川人は死者に対して何らかの葬送儀礼を行っていたようだ。

また別の女性の化石骨では、下顎の前歯2本が抜け落ちている。ところが他の歯は健全だし、その歯が生えていた部分や周囲に骨折や歯周病などの跡はみられない。

このことから怪我や病気で抜けたのでなく、人為的に抜歯したのではとの見方もある。

何らかの風習から抜歯する習慣は、縄文時代にも行われていた。ことによると港川人も、縄文人に先駆けてそうした習慣を持っていた可能性があるのだ。

■時代とともに変わった骨格

すでに触れた通り、港川人が縄文人の祖先となった集団の一つに属していたかどうかははっきりとしない。ただ解明されていない部分があることを頭の隅に置きつつ、やはり港川人と縄文人がまったくの無関係ではないのではないかと思われる点についても述べておきたい。

縄文人と港川人の骨格は、いくつかの点で異なっていて、たとえば縄文人は相対的に膝から下が長いが、港川人は短いことなどが挙げられる。

しかし年代を縄文時代早期に絞ってみると、その人骨は港川人と同系統であることを示す共通点が多いのだ。

そうした例の一つとして、埼玉県秩父市の妙音寺《みょうおんじ》洞穴で見つかった人骨をみてみよう。これは東日本の縄文時代早期の人骨としては珍しく、ほぼ全身が出土している。骨の主は、壮年で死んだ男性で、手足を折り曲げた屈葬の状態で葬られていた。

この男性の身長は、153センチメートルと推定される。肩と腕の骨格は比較的か細く、現代人の女性程度の腕力しかなかったようだ。反対に大腿骨の後ろ側にある筋肉がつく部分は、よく発達している。この上半身が華奢で下半身ががっしりした体型は、まさに港川人譲りとも呼べるものだ。

歯や顎も港川人と似た点が多い。やはり咀嚼筋が発達していた上、歯は激しくすり減っていた。後に豊かな食文化を残す縄文時代だが、早期はまだ食料事情に恵まれていなかったのだろう。また斜めにすり減った歯が多いことから、口を使った作業を日常的に行っていたことも窺える。

この他興味深いのは、肘に残されていた圧痕だ。これは肘を強く折り曲げた状態が、しばしば長く続いたことを示している。重い荷物を運ぶ労働を行っていたからなのかもしれない。

厳しい食料事情に対して、強い顎とか細い上半身で適応していった港川人。そうした身体的特徴は、子孫にあたる縄文人にもそっくり受け継がれたように思われる。

しかし1万年に及ぶ長い縄文時代の間に、縄文人の体型も次第に変化してくる。

すでに触れた通り、縄文人は港川人よりがっしりした上半身を備えていた。これは栄養状態がよくなったのと同時に、力仕事が増えたことも物語っている。より食料に恵まれた土地で狩猟や漁労に精力を注ぐうちに、頑丈な体つきへと変化していったのだろう。

こうした変化は、休むことなく繰り返される。1万年近い縄文時代の間に、縄文人もまた身体的特徴を変えながら進化してきたのだ。特に縄文時代は外との混血があまり行われず、日本列島の中だけで独自に暮らしてきた。そのため生活の変化による体の変化は、いっそう明確に浮かび上がってくる。

そしてここに劇的な変化をもたらしたのが、紀元前~5世紀ごろに登場した渡来系弥生人だ。彼らの骨格は、まずプロポーションからして縄文人と対照的だった。平均身長は男性の場合で、ひと回り大きい164センチメートル。それに反して肘と膝から先は、相対的に縄文人より短くなっている。

さらに頭骨も、縄文人と大きく異なる。眉間から顎までの長さは、縄文人が短いのに対して渡来系弥生人は長い。丸顔の縄文人に対して面長な顔つきをしていたわけだ。

また縄文人では隆起が目立つ眼窩上部も、渡来系弥生人は丸くなだらかな形をしている。言い換えると、これは目から眉にかけての凹凸が少ないのっぺりした顔つきだ。すでに触れた通り、これらは北アジア人が寒冷適応によって獲得した特徴だった。

このような対照的な外観を持つ渡来系弥生人と土着の縄文人の「置き換えに近い混血」によって、現在に続く日本人の祖先集団が成立していったというのが定説となっている。

■2種類のモンゴロイド

出土した骨から日本人のルーツを探る上で、歯も見逃せない手がかりとなる。歯は、骨よりも祖先の特徴をよく残しているとさえいわれるほどだ。

モンゴロイドの歯は、以前から日本人学者らによって研究されていた。アリゾナ大学のターナーはそれを発展させ、次のような見方を提唱した。モンゴロイドの歯は、スンダドントとシノドントの2種類に分類できるというのだ。

スンダドントとはスンダランドに住んでいた人々の歯、そしてシノドントは寒さに適応した北アジア人の歯を指す。つまりスンダとシノは地名の略称であり、ドントとは歯を意味する言葉だ。

ターナーはこの見方を通じて、スンダドントを祖先としてシノドントが生まれたと考えた。そしてスンダランドに暮らしたスンダドントの持ち主がやがてアジア各地に広がり、現代のアジア人となったと提唱している。これがスンダランド起源仮説だ。

それぞれの具体的な特徴は次のようになっている。まずスンダドントは全体に小さく、相対的に第1大臼歯が大きい。これに対してシノドントは、前歯の裏がくぼんだシャベル状で大きい。第1大臼歯はスンダドントより相対的に小さいが、歯全体が大きく複雑な形をしているのが特徴だ。

但しスンダドントはもともと全体に大きかったが、次第に小さくなっていったとする説もある。

この見方に従えば、本来の大きなスンダドントを現在に保っているのはオーストラリア先住民だ。それに対して、小さくなったスンダドントは東南アジア人にみられる。また本来の大きなスンダドントとシノドントが混血することで、新しいスンダドントが生まれたと説明する説もある。

一方のシノドントは、日本人、中国人を始めとする北東アジア人などの歯だ。また興味深いことに、アメリカ先住民の歯もシノドントに相当する。これはベーリング海峡が地続きだった時代に、シノドントを持つ集団が北アジアから北米大陸に移動したことを示唆していると考えられる。

氷期の海面下降により、現在のインドシナ半島を中心に巨大な亜大陸スンダランドが出現していた。アフリカを出発したヒトの一群はこのスンダランドにたどり着き、そこから南と北へ分かれていった。南へ移動した集団はオーストラリア先住民となり、北へ移動した集団は寒冷適応して北アジア人となった——。

スンダドントとシノドントの系譜が描き出す筋書きは、これまでみてきたモンゴロイドの足どりとおおむね合致している。

日本人の成り立ちも、同様に歯の違いから説明することが可能だ。スンダランドから渡ってきたとされる港川人の歯は、やはりスンダドントに分類される。

縄文人の歯も、スンダドントに近い特徴が多い。しかしまたシャベル状の前歯が比較的発達しているなど、シノドントの特徴も有している。これは縄文人の祖先が南と北から日本列島へ入り、混血したことを示唆しているとも考えられるだろう。

一方、典型的なシノドントの持ち主が北アジアから渡ってきた渡来系弥生人だ。彼らはスンダドントを持つ縄文系の人々を追いやったり、あるいは混血を重ねたりするなどして、日本人の主流をなしていった。こうして現在の我々がシノドントを有するに至ったわけだ。

日本人の身体

■血液型の分布からわかること

日本人で一番多い血液型は、A型である。割合をみると、A型が約40%、O型が約30%、B型が約20%、そしてAB型が約10%となっている。

これは万国共通というわけではない。たとえば中国の漢民族は平均するとB型が多く、台湾先住民では相対的にO型が多い。

同様に、日本国内でも多少の地域差はある。A型は西日本が多く、東北では少ない。O型は関東以北と南九州に多く、B型は関東以北、とりわけ東北に多い。

実はこの血液型も、意外なことに日本人のルーツと無関係ではない。A、B、O、ABのどれが多いか少ないかは、それぞれの系統がどこから日本列島へ渡ってきたかを示唆しているのだ。

そもそも同じアフリカを故郷とする種族なのに、どうして血液型の偏りが生じるのだろうか。理由の一つは、遺伝的浮動と呼ばれる現象だ。

血液型の違いは、環境への適・不適とあまり関係がない。A型に適した環境とか、あるいはO型に適さない環境というのは、通常あり得ないわけだ。従って本来なら、それぞれの血液型の人口は偏りなく分布することになる。

ところが、ある程度より小さな集団では、そうともいい切れない。偶然の影響で、どれかの型に偏った集団が自然に発生してくるのだ。特に狩猟、採集生活を営んでいた集団は、こうした偶然の影響を受けやすい程度に小さかったと思われる。さらに異なる集団同士の混血が行われると、異なる遺伝子が互いに影響し合う。こうして血液型の偏りが次第に生じてくるわけだ。

血液型を決定する遺伝子は、A遺伝子、B遺伝子、O遺伝子の3種類。このうちA遺伝子とB遺伝子は優性遺伝子、O遺伝子は劣性遺伝子だ。従って両親がAO、あるいはBOの組み合わせだとA型、あるいはB型の子供が生まれる。

この3種類の遺伝子が存在する割合、つまり遺伝子頻度でみると、日本人は次のようになっている。A型が27%、B型が17%、そしてO型が56%だ。これに対して漢民族は、A型が21%、B型が24%、O型が55%となる。

ただし中国を北部、中部、南部に分けると、また異なったバランスがみえてくる。A型の遺伝子頻度は、北部29%、中部23%、南部21%である。B型は特に地域差がなく、O型は反対に南へ下るほど高くなる。こうしてみると、南より北の方がより日本に近い構成といえそうだ。

台湾先住民の場合は小集団同士の差異が激しく、おおむねA型が12〜27%、O型が53〜71%、B型が9〜20%。しかし全体的にみれば、中国よりもB型が少なくO型が多い傾向にある。ここでも南に行くほどO型が増える傾向がはっきり表れているようだ。

■在来系、渡来系と血液型

日本で最も多い血液型であるA型は、とりわけ西日本に多い。一方でB型は関東以北に多く、O型は関東以北と南九州に行くほど増えていくと前述した。こうした血液型の分布から、日本列島へ渡ってきた人々の足どりを推測することもできる。あくまで仮説の域を出ないが、血液型から浮かび上がる日本人の成り立ちについてみてみよう。

これら三つのうち、最も古くから日本列島に住んでいたのはO型だったと考えられている。この集団は2万年ほど昔、現在の東南アジアにあったスンダランドから渡ってきた人々だ。

O型は他と比べて地方差がやや曖昧であり、関東や東北を除けば九州南部や大平洋岸に多く分布している。恐らく南から日本列島に入り、長い年月をかけて各地へ生活圏を広げていったのだろう。

このO型の集団は、ネイティブ・アメリカンと祖先を同じくする人々という見方もある。1万5000年ほど昔、当時は地続きだったベーリング海峡を渡って北米大陸へ移動したモンゴロイドの集団があった。北米のアメリカ先住民はO型が最も多いことから、この集団もO型中心だったことが窺える。その旅の途中で、一部が日本列島に渡って定住し始めたようだ。

そしてO型の次にやってきたのは、B型の集団だった。彼らはO型とは反対に、沿海州から北海道へ渡るルートで日本列島へ入ったとみられる。ちょうどこの時期、細石刃《さいせきじん》と呼ばれる組み合わせ石器が北海道へ伝わった。これは、モンゴルを始め北アジアで広くみられる石器だ。この集団もO型と同じく古モンゴロイドの子孫だったようだが、血液型の点では異なる遺伝子頻度を有していたらしい。

続いてようやくA型の集団が現れる。彼らは現在の中国東部、長江中下流あたりを故郷とする人々だったらしい。時代は今から6000年ほど前のこととされる。

そして最後にやってくるのが、渡来系弥生人だ。主に朝鮮半島を経由して渡ってきた彼らは、血液型の上ではB型を中心とする集団だったと考えられている。ただし水稲作りなどの文化を有したのは、3番目のA型のグループに近かったようだ。そこから最後の集団は、A型とB型の混血だったとみることもできる。

こうして後から入ってきたA型とB型の集団が、次第に在来系のO型を南北に追いやっていく。そして最終的に、A型が西日本に多くてO型が南北両端に位置する遺伝子頻度が形作られた。血液型からみたこの日本人の系譜も、在来系と渡来系による日本人の二重構造とうまく符合しているようだ。

■身体的特徴の分布

渡来系の進出で、縄文系の特徴は日本列島の南北に取り残される形となった。こうした両端型の特徴は、他にもさまざまな面でみられる。

たとえば平均身長もそうだ。1917年に、当時の学者が本州から九州までの身長の分布を調べたことがある。そのころの日本人の平均身長は、今よりかなり低い約158センチメートル。調査ではこれより高い人の割合が60％以上の県を高身地方、51％以下の県を低身地方として分類している。

結果は、近畿地方、中国地方の東部、そして九州地方の身長が高いことがわかった。反対に南北の両端へ行くほど、身長が低くなる傾向がみられる。ここから、身長が低い縄文系と高い渡来系の分布が表れていると理解することもできるだろう。

顔の高さを測った統計もある。顔の高さとは文字通り、頭頂から顎までの長さのことである。それによると、近畿地方が長くて九州や東北が短いという結果が出ている。これもやはり、顔が短い縄文系に対して面長な渡来系の違いが表れているようだ。

さらに韓国人の統計を加えた調査もある。対象は頭長幅示数、つまり頭を真上からみた時の前後に対する左右の長さの割合だ。前後に短く左右が長い頭を短頭、その反対は長頭と呼ばれる。

この調査の結果も、縄文系と渡来系という日本人の二重構造を裏付けるものだった。短頭が集中したのは、朝鮮半島全域と西日本だ。東北から北海道と九州に行くほど、長頭が増えていく。これは朝鮮半島経由で渡ってきた渡来人たちの足どりをそのまま示す例といえるだろう。

また意外なところでは、指紋も日本人のルーツを示す手がかりの一つだ。指紋は大きく分けて、渦状紋、蹄状紋、弓状紋の3種類がある。渦状紋は丸く渦を巻いた形で、蹄状紋は渦の下側の1カ所が途切れて左右へ流れるような形、そして弓状紋は渦がなく中心が盛り上がった横縞が並ぶ。

このうち渦状紋と蹄状紋には、三叉と呼ばれる独特の形状が現れる。横縞の中に渦があるため、溝が三方に分岐することになるわけだ。そして10本の指に三叉がいくつあるかを示す数字が、指紋三叉示数と呼ばれる。

中国、朝鮮半島、そして日本の各地方を対象に、指紋三叉示数を調べた統計がある。それによると指紋三叉示数が最も高いのは朝鮮半島で、続いて中国、日本の中国地方と四国の順となる。反対に最も低いのは北海道であり、東北、関東と続く。東海地方と近畿地方は、おおむね中間といったあたりだ。

ここでも北海道や東北が、中国や朝鮮半島とは別の系統に属することが明らかになっている。

指紋と同じく手の平の手掌紋も、朝鮮半島との繋がりを示す手がかりだ。これでみると、朝鮮半島と最も近いのは近畿地方、次いで中部地方。反対に北海道と南西諸島は、繋がりが最も薄い。そして東北地方や関東地方、あるいは中国地方や四国は、近畿や中部を頂点になだらかに傾斜しながら両極へ続いていく。

同様の結果を示す統計は、まだ挙げればきりがない。たとえば福耳が多いか少ないかも、その一つだ。ちなみに朝鮮半島と西日本には少なく、奄美《あまみ》諸島と北海道へ行くにつれて増えるという結果が出ている。

こうしてみると我々日本人は、体の至るところにルーツを示す痕跡を備えていることがわかる。遠い祖先から受け継いだ身体的特徴は、世代が替わっても簡単になくなるものではないのだ。

第2章　「DNA」が解き明かす日本人

先端科学が明らかにしたこと

■分子生物学の衝撃

さかのぼっていくと、現在の我々の祖先は原初の生物に行き当たる。そこから生物が無数に枝分かれして、最初のヒトが登場する。

現代人である我々は皆、遥か遠い祖先の名残りを受け継いでいる。それが遺伝子である。この遺伝子を調べることで、どのグループが同じ祖先を共有しているかも浮かび上がってくる。

子が親に似る、ということは昔から体験的に知られていた。しかしそれがどんな仕組みで生じるかについて、最初の手がかりが示されたのは19世紀半ばのこと。オーストリア人植物学者、メンデルが近代遺伝学の基礎となるメンデルの法則を発表してからだ。

それ以前、遺伝は血が混ざり合うような現象として漠然と捉えられていた。しかしこれでは、人それぞれ個人差が生じることを説明できない。単に混ざり合うだけなら世代を重ねるうちに血が均質化して、最後はみんな同じ子供になってしまう。

これに対してメンデルは、遺伝の仕組みの基本を粒のようなものと考えた。いくつもの異なる粒同士が組み合わされても、粒は粒のまま残っている。そうすれば粒そのものは混じり合ってしまうことなく、いつでも特徴を表すことができる。これが、メンデルの法則の基本となる考え方だ。

この粒は後に遺伝子と呼ばれるようになった。そしてさまざまな研究の結果、１９６０年ごろには、デオキシリボ核酸＝ＤＮＡという化学物質であることが明らかになる。

ＤＮＡは、細胞の核にある染色体に収められている。よく知られている通り、二重螺旋《らせん》の構造をしているのが特徴だ。

人間も含めたあらゆる生物の体を作るための情報は、全てそれぞれのＤＮＡに記されている。この情報に基づいて、体を構成するタンパク質が作られていくわけだ。タンパク質は、基本的にアミノ酸と呼ばれる化合物が一列に並んだ構造をしている。従ってＤＮＡは、アミノ酸の並び方を決める〝暗号〟ということもできる。

このアミノ酸の構成を調べることで、異なる生物同士の遺伝子を比較することが可能だ。そこでタンパク質を使った実験でヒトとサルの遺伝子を較べようとする研究が、1960年ごろから行われ始める。

そうした研究の結果、ヒトと類人猿の系統樹が描き換えられることになった。類人猿とはヒトに最も近いサルの仲間のことである。ゴリラ、チンパンジー、オランウータン、そしてテナガザルの仲間がその代表だ。

従来の分類では、ヒトはヒト科、ゴリラとチンパンジーとオランウータンはオランウータン科、テナガザルのグループはテナガザル科として三つの科に区別されていた。つまり類人猿とヒトは、科のレベルで異なる動物と考えられていたわけだ。

ところが遺伝子の比較によって、次のような系統が明らかになった。

まず類人猿とヒトの共通の祖先から、テナガザルが分岐する。次に枝分かれしていったのは、オランウータンだった。そして最後に、ヒトとチンパンジーとゴリラに分かれたのである。

その結果、チンパンジー、ゴリラ、オランウータンはヒト科の仲間に含められるようになった。それらをまとめたグループであるヒト科から、次にヒト亜科とオランウータン亜科に分かれる。そしてヒト亜科からヒト属、チンパンジーなどの属、ゴリラの属に枝分かれしていく形だ。

こうした研究から、同時に新たな事実も明らかになった。遺伝子を調べることで、それぞれの種が元の系統から分かれた年代まで特定できるようになったのだ。

チンパンジーの仲間からヒトが枝分かれしたのは、およそ６００万年前と考えられている。その証拠はまず、アフリカで見つかった最古のヒトの化石が５８０万年前のものだった点だ。さらにタンパク質の分析からも、これは裏付けられている。分子進化時計という考え方から、チンパンジーやピグミー・チンパンジーとも呼ばれるボノボと枝分かれした時期が推定できるからだ。

遺伝子には三つの大きな特徴がある。一つは、自分と同じものを作り出す能力。これによって親から子へ、遺伝的な特徴が受け継がれる仕組みだ。もう一つはすでに触れた通り、タンパク質を作り出す暗号としての性質。そして最後が、部分的に変化するということだ。三つ目の特徴によって、遺伝子は少しずつ部分的に変化していく。この変化が、いわゆる突然変異だ。

分子進化時計は、遺伝子の突然変異が根拠となっている。そもそも進化とは、突然変異によって起こるものだ。たまたま環境に合った突然変異が生き残り、交配して子孫を残す。この繰り返しで、生存に有利な遺伝子が次々に選択されていく。そして現在みられるように、多種多様な生物が生まれてきたわけだ。

しかし環境への適・不適に関係ない突然変異も起こる。こうした遺伝子は生存に関わらないため、集団の中で無作為に広まっていく。逆にいえば、無作為なので一定の確率に従い出現するということだ。

それは同時に、アミノ酸の変化に要する時間も一定であることを意味する。言い換えると、こうしたアミノ酸の変化は進化の経過時間を表す分子進化時計と考えることができる。

そこでヒトとチンパンジーから同一のタンパク質を取り出し、アミノ酸の変化の仕方を調べる。するとその変化に要した時間、つまりヒトとチンパンジーが枝分かれしてから経過した時間がわかるという仕組みだ。

従来ならヒトのルーツを探る研究は、主に化石人骨を発掘して調べることで成り立っていた。しかし遺伝子から生物を調べる分子生物学の登場により、実験室から新たな発見が生まれるようになったのだ。

■人類の起源論争に終止符がうたれた瞬間

ヒト＝ホモ・サピエンスの起源は、アフリカというのが現在の定説だ。しかし最近まで、これとは異なる説も有力視されていた。それは多地域進化説と呼ばれる考え方だ。それによるとホモ・サピエンスの祖先となる原人が、遥か昔にアフリカ大陸の外へ広がっていった。そしてそれぞれの土地で、ホモ・サピエンスに進化したというものだ。

確かにアフリカで生まれた原人が、他の大陸へ進出したのは事実だ。猿人から進化した彼らは、体の大型化、脳の進化、肉食による食料の多様化など、長距離移動に適した性質を手に入れた。そのため１８０万年前にアフリカ西部、現在のヨーロッパや中国東部などへ生活範囲を広げたと考えられている。

ヨーロッパのネアンデルタール人、中国の北京原人、東南アジアのジャワ原人などは、そうした原人たちの一部だ。多地域進化説はそれぞれが別個にホモ・サピエンスへ進化したことで、人種の違いが生じたと説明している。

ところが別々にホモ・サピエンスへ進化した割には、現代人の人種間の遺伝的変異は比較的小さい。そこで多地域進化説の支持者は、次のような状況を想定した。原人たちは当初の遺伝的特徴を保ったまま他地域と限定的な接触を重ねることで、現代人として共通の遺伝的特徴も備えるようになったという。

この多地域進化説とアフリカ起源説は、1990年代に激しい論争を繰り返した。そこへ結論を下したのは、遺伝子を調べる分子生物学だ。

細胞内のミトコンドリアやY染色体上の遺伝子から、さまざまな人種を比較した調査結果がある。それによると、アフリカ人を祖先とする系統樹が明らかになった。

さらに分岐した年代を測定する分子進化時計の考え方を当てはめると、現代人に共通する祖先は20万年前以降に現れたことがわかる。こうなると、180万年以前に各人種の祖先が分岐したとする多地域進化説は成り立たない。

ホモ・サピエンスへ進化する前にアフリカを旅立った原人たちは、そのまま絶滅したとみるのが現在の主流だ。

論争はアフリカ起源説の勝利に終わったが、新たな議論がまた起こっている。

先にアフリカを出た原人と後から出発したホモ・サピエンスとの間に、混血があったかどうかというものだ。年代の隔たりがあるとはいえ、両者が近縁の動物であることに変わりはない。

　これまでのところ、ミトコンドリアやＹ染色体のデータから混血を裏付ける証拠は見つかっていない。しかし細胞の核のＤＮＡを調べる分析は、まだ始まったばかりだ。そこから新たな人類の歴史が浮かび上がる可能性は大いにある。

■ホモ・サピエンスはアフリカから世界へ広がった

　前述のとおり、現在では、今の人類の直接の祖先へつながるホモ・サピエンスはアフリカで生まれて、やがて全世界へと移動していったという説が有力になっている。

　さらに近年、ある研究グループがホモ・サピエンスが生まれた場所を特定したと発表した。それは現在のボツナワの付近だと考えられている。

　アフリカ南部にあるボツナワという国には、マカディカディ湖という塩湖がある。現在はこの付近は乾燥地帯だが、約20万年前は緑が豊かな湿地帯だった。そして、この広大な湿地帯で、私たちの祖先であるホモ・サピエンスが誕生したというのだ。

その後、約５万〜６万年前にアフリカ大陸を出て移動を始めたのである。

その後、ヨーロッパへ向かう一群があり、ユーラシア大陸に広がって、やがて東アジアまで到達し、さらにアメリカ大陸へ渡ったりオーストラリアへ南下した一群もあった。そうしてホモ・サピエンスは全世界に広がった。

ところが、この説にも疑問がないわけではない。2017年に、モロッコのジェベル・イルード遺跡から発見された現生人類によく似た化石が約30万年前のものだと判明したのだ。

そのことから、ホモ・サピエンスが生まれてアフリカを出たのは、これまで考えられていたよりも、もっと前のことではないかという意見が出てきた。

ホモ・サピエンスの誕生と、アフリカを出てからの大移動に関してはまだ未知の部分が多く、今後の研究の成果を待たなければならない。

■現代人の中に生きるネアンデルタール人

ところで近年、大きく注目されている新たな発見がある。ホモ・サピエンスとネアンデルタール人との関係である。

ネアンデルタール人は、約4万年前までユーラシア大陸の西方で生活していた旧人類の亜種の一つである。アフリカを出てユーラシア大陸を移動していたホモ・サピエンスは、その途中でネアンデルタール人と出会ったと考えられる。実際、両者がかなり近い場所で生活をしていた痕跡も発見されている。

ネアンデルタール人は、ホモ・サピエンスと比べて肉体的に頑丈で力強く、小動物や鳥などを狩って生きていたホモ・サピエンスに対して、そこそこ大きな草食動物を狩ることもあったと思われる。

常識的に考えれば、この両者が出会い、もしも戦うことになれば、ネアンデルタール人がホモ・サピエンスを駆逐しそうである。戦うことがなくても、ネアンデルタール人のほうがその生命力によってホモ・サピエンスを凌駕しても不思議ではない。

しかし、実際には生き残ったのはホモ・サピエンスであり、そのまま現代人へと進化していく。そしてネアンデルタール人は歴史から消え去った。

なぜ肉体的に劣っていたホモ・サピエンスのほうが生き残ることができたのか。その疑問に対して近年、一つの回答が出された。

結果的にホモ・サピエンスだけが生き残った大きな理由の一つは、優れた道具をつくり出したことにあると考えられている。彼らは、現代の研究者によってアトラトルと名付けられた投てき具を発明し、それを使ってかなり離れた場所からも狩りができた。

しかも、そういった道具は改良されて性能がよくなっていった。石器しか使っていなかったネアンデルタール人と比べると、ホモ・サピエンスはたとえ周囲の生活環境が変化しても、改良した道具によってそれに適応し、生活を向上させていったのである。

では、ホモ・サピエンスとネアンデルタール人は、近接しながらも何の交渉もないままに、やがてネアンデルタール人だけが滅んだのかといえば、それも違う。近年のＤＮＡ解析の進歩により意外な事実が判明した。

実は現代人のＤＮＡの中に、ネアンデルタール人のＤＮＡがかなりの割合で受け継がれていることがわかったのだ。現代人のうち非アフリカ系の人々のＤＮＡの2〜4％は、ネアンデルタール人由来のものなのである。歴史上から消えたと思われていたネアンデルタール人は、実は今も現代人のＤＮＡの中にその痕跡が残っているのである。

つまり、直接の接触はなかったと考えられてきたホモ・サピエンスとネアンデルタール人は、どこかで交配したということになる。そして、それが現代人のＤＮＡの一部となって今も残っているのだ。

おそらくアフリカを出たホモ・サピエンスは、中東付近でネアンデルタール人と交配したと思われる。このことは、近年の発見として大きな話題となった。

そして新たな研究では、さらに意外なことがわかった。アフリカの現代人からも、ネアンデルタール人由来のＤＮＡが発見されたのだ。つまり、アフリカを出たホモ・サピエンスの一部は、ネアンデルタール人と交配した後、再びアフリカ大陸へ戻ったのではないかとも推測されるのだ。まだ推測の域だが、この点については今後の研究により、より正確なことが判明するはずである。

いずれにしても、ホモ・サピエンスの中に生き続けているネアンデルタール人のＤＮＡが、ホモ・サピエンスの移動に関する新しいヒントまで与えてくれたのだ。

■浮かび上がった日本人の実像

アフリカを出発したホモ・サピエンスは、さまざまな人種に分かれていった。もちろん人種の区別は体験的に古くから行われていたが、学問的な基準の先駆けとなったのはドイツのブルーメンバッハだ。

ブルーメンバッハは人種は身体的な特徴だけで区分すべきと提唱した。そして1806年に発表した著書で、次の五つの人種を分類する。コーカサス人種、モンゴリア人種、エチオピア人種、マレー人種、アメリカ人種だ。

区別の基準は皮膚の色、頭や鼻の形、毛髪の性質などだった。各人種の名前は、それぞれ起源と考えられた地名からつけられている。

ブルーメンバッハの後、19世紀末から20世紀中ごろまでさまざまな人種の分類が提示されてきた。その中で現在も身近に使われているのが、次の三つだ。白色人種系統のコーカソイド、黒色人種系統のネグロイド、そして日本人を含む黄色人種系統のモンゴロイドだ。オーストリア先住民の系統を別にオーストラロイドとする見方もあるが、大別するとこれはモンゴロイドに含まれる。

しかしいうまでもなく、それぞれの中にはさらに細かい種類がある。コーカソイドは北欧人種、アルプス人種、地中海人種などに区別することが可能だ。

モンゴロイドは、この三つの中でもとりわけ種類が多い。東南アジア人、北中国人、蒙古人、シベリア人、さらにイヌイット、アメリカ先住民など、世界各地に散らばっている。さらに南太平洋のメラネシア人、ポリネシア人、ミクロネシア人、そしてオーストラリア先住民も、祖先はモンゴロイドという見方が有力だ。

日本人はというと、独立した人種として数えられたことはない。確かに、古モンゴロイドと新モンゴロイドの混血という点では独特といえる。だがこれも、東アジアのモンゴロイド全体からみればわずかな違いだ。

三つに大別する分類に続くこの小分類は、地方人種と呼ばれることもある。さらにそこから、小人種と呼ばれるカテゴリーに細かく分けることも可能だ。小人種まで全て含めると、現代人の人種は１００以上、あるいは２００以上に分類する説まである。

ただし人種に基づく分類には、いくつかの問題があることに注意しておかなくてはいけない。古典的な分類は、類型学と呼ばれる学問に基づいて行われた。簡単にいえば細かな変異は無視して、外見上の典型的な特徴だけを取り出すということだ。そして大昔に典型的な特徴だけを備えた純粋な人種がおり、他の人種との混血から個人差が生じたと説いている。しかし現代ではこの考えは通用しない。生物の集団は他と混血しなくても変異が次々と生じるからだ。

また人種の分類に、外見上の特徴だけが用いられたことも問題がある。そうした特徴は人種の系統によるものでなく、気候に適応した結果であることが多い。

たとえば皮膚の色がそうだ。かつてはニューギニアの人々が、皮膚の色が黒いというだけでネグロイドに分類されていた。しかし皮膚の色は環境の紫外線の量で変化するので、系統の決め手にはならない。

また次のような考え方もある。種を超えて混血することはできないが、人種間の混血は可能だ。その意味で人種は、亜種と呼ばれる分類に相当する。動物の場合、亜種に基づく区別が明確であることが多い。たとえば離島のように生息地域が隔離されていると、独自の特徴がよく残されているからだ。

しかしヒトは極めて移動性が高く、完全に隔離された集団はほとんどない。従って隣接した地域の住民同士に、人種の線を引くことは難しい。

他にも人種が政治的なイデオロギーに用いられた経緯がある。こうしたことから、近年の人類学者は、あまり人種の分類に関心を払わないようになった。

ただしコーカソイド、ネグロイド、モンゴロイドという言葉には、自然な変異に対する含みがある。～オイドは、～の類を指す言葉だからだ。そのため、古典的な人種の分類が否定されつつある現在でも盛んに用いられている。

人種に代わる分類としては、まず民族的集団がある。民族の定義には諸説あるが、おおむね次の通りだ。

共通した言語、風俗、習慣の伝統を持ち、同族意識で結ばれる人々が民族と呼ばれる。これは動物の交配の単位である群れに相当し、ヒトの場合も自然な群れ＝民族と考えることが可能だろう。

同時に重要な手がかりとなるのが遺伝子だ。皮膚が白い黒いといった外見上の特徴よりも、遺伝的な繋がりの方が遥かに信頼性が高い。遺伝子の研究が進むにつれて、現代人の系統樹もより正確なものへと近づきつつある。

遺伝子から見た日本人

■集団アイデンティティを探る

いうまでもなく遺伝子は人それぞれ異なっている。しかし人種、民族、特定の地方の住民といった集団では、他との違い、あるいは共通点が遺伝子に現れることもある。

異なった国の住民同士でも、遺伝子の共通点が多ければ祖先が近いと考えることが可能だ。これは日本人の起源を探る上でも、重要な手段となる。

遺伝子を比較する場合、手がかりになるのは遺伝的多型と呼ばれる現象だ。たとえばＰＴＣ＝フェルニチオ尿素という化学物質を舐めて、苦く感じる人と何も感じない人がいる。これは苦く感じる遺伝子と、何も感じない遺伝子をどう受け継いだかで決まってくる。

この場合、苦く感じる遺伝子が優性で、何も感じない遺伝子が劣性だ。両親が優性同士、あるいは優性と劣性の組み合わせなら、子供は苦く感じることになる。反対に劣性同士の組み合わせの場合、何も感じない子供が生まれてくる。

ここで問題になるのは、ある集団の中でどちらの遺伝子が多いか少ないかだ。というのも何らかの事情で、集団ごとに両者の数の対比が変わってくるからだ。日本の場合、ＰＴＣに苦みを感じない人は北海道が最も少なく、次いで本州、琉球列島の順で分布している。

このように複数の種類を持つ遺伝子が、高い割合で存在することを遺伝的多型と呼ぶ。血液型でいえば、日本人の遺伝的多型はA型ということになる。

遺伝的多型が生じる原因はさまざまだ。血中で酸素を運ぶヘモグロビンの中のタンパク質に、変異を起こす遺伝子がある場合、鎌状赤血球症《かまじょうせっけっきゅう》という病気を先天的に起こすことがある。

日本人の場合は、こうしたヘモグロビンの異常は数千人に1人程度だという。ところが熱帯地域、特にアフリカ中央部では、異常ヘモグロビンの遺伝子を持つ人が多い。一部の集団では、人口の20％にまで及ぶという。本来ならあり得ない現象だが、これには理由がある。異常ヘモグロビンの遺伝子の持ち主は、同時にマラリアに対する抵抗力を持っているのだ。

正常なヘモグロビンの遺伝子を二つ受け継いだ人は、マラリアにかかりやすい。反対に異常なヘモグロビンの遺伝子を二つ受け継いだ人は、鎌状赤血球貧血となる。

ところが両方を受け継いだ人は正常なヘモグロビンの遺伝子が優性に働き、同時にマラリアにもかかりにくい。そのため異常なヘモグロビンの遺伝子が、遺伝的多型となる仕組みだ。

一方で、単なる偶然が原因で遺伝的多型が生じる場合もある。血液型は基本的にA遺伝子、B遺伝子、O遺伝子の組み合わせで決まり、このうちA遺伝子の遺伝子頻度が高いのは日本、ヨーロッパ、北米大陸、オーストラリアなど。それに対してB遺伝子は中国から中央アジア一帯、O遺伝子は北米と南米両大陸が多い。

血液型が何であれ、原則として生存に有利だったり不利だったりすることはない。それでもこうした偏りが生じるのは、結局のところ偶然の積み重ねの結果らしい。

こうした遺伝的多型は、各集団のアイデンティティというべきものだ。日本人も血液型以外に、さまざまな遺伝的多型がある。それを他の集団と比較することで、祖先を共有するかどうかの判断が可能になるわけだ。

■耳あかに残された太古の記憶

耳あかが湿っている人は頭がよくて、乾いている人はよくない——。日本にはこんな民間信仰、あるいは都市伝説がある。いうまでもなく耳あかと知能は無関係なので、これは全くの迷信だ。

しかし耳あかの違いは、別の面で重要な意味を持っている。耳あかが湿っているか乾いているかは、ある集団に特有な遺伝的多型の一つなのだ。

耳あかの性質を左右する遺伝子は、ドライとウェットの2種類があり、性別に関係なく一定の割合でそれぞれの集団に存在している。このうち優性なのはウェットの方だ。従って両親がウェット＋ウェット、あるいはウェット＋ドライの組み合わせなら子供はウェットとなる。反対にドライの子供が生まれるのは、両親2人とも劣性であるドライの遺伝子を持っていた場合だ。

耳あかが湿っていようが乾いていようが、生存に有利だったり不利だったりすることはない。つまり、外的な要因でどちらかがより多く生き残ることがないわけだ。

その意味で耳あかの遺伝子は血液型などと同様、偶然の積み重ねで遺伝的多型が決まっていく。

耳あかの遺伝的多型についても、日本をはじめアジア各地を対象に調査が行われた。まず日本をみると、興味深い分布が浮かび上がっている。本土日本人はドライ型が多数派なのに対して、アイヌはウェット型が多いのだ。琉球人もドライ型が過半数を占めているが、割合は本土日本人より少ない。ここでもやはり、南北両極の共通性が窺える。

他のアジア諸国をみると、両者の差はいっそう極端だ。中国北部、朝鮮半島、シベリアから中国東北部にかけて、ドライ型が圧倒的多数を占めている。ところが中国を南に下ると、ウェット型が次第に増えていく。海南島でおよそ半々、台湾山地ではドライ型の方が少数派だ。

さらに下ってメラネシア北部やミクロネシアでも、ウェット型が多数を占める。メラネシア南部では、住民のほとんどがウェット型だ。

こうしたことから乾いた耳あかは北方系、湿った耳あかは南方系の特徴と考えることができる。そして両方が日本列島に混在している理由は、次のように想像できそうだ。

日本列島には最初、湿った耳あかの遺伝子を持つ南方系の集団が移り住んだ。彼らは北から南まで、列島の全域に分布を広げる。

そこへ後からやってきたのが、乾いた耳あかの遺伝子を持つ北方系の集団だ。彼らは本州を中心に、何らかの方法で日本列島の主流となる。そして元からいた南方系の集団は、南北の両極へ残されていったのだ。

これはもちろん、ただの仮説に過ぎない。しかしこれまでみてきた日本人の源流と、おおむね矛盾しない点では注目に値する。普段は気にも止めない耳あかだが、遺伝子をたどると意外な系統が明らかになってくるのだ。

■Gm遺伝子とは何か

遺伝子研究の進展によって、ヒトの系統も次第に明らかとなりつつある。そうした研究の中で、特にヒトをグループ分けする目的によく適うとされているのがGm遺伝子だ。

我々の体には細菌やウィルスなどの異物を排除しようとする働き、つまり免疫反応がある。有害な異物が抗原と呼ばれるのに対して、免疫反応の主役となるのが抗体だ。抗体は異物と結合し、それを破壊する働きがある。

抗体は、抗原の侵入に反応して体内で形成される。その正体は単純タンパク質＝グロブリンの一種だ。グロブリンは比重に応じて、アルファ、ベータ、ガンマに分けられる。このうち抗体となるのがガンマ・グロブリン、または免疫グロブリン、免疫タンパクなどとも呼ばれる。

ポイントは、このガンマ・グロブリンに血液型のような型がある点だ。この型を決定づけるのが四つのガンマ・マーカー遺伝子、つまりGm遺伝子である。

ヒトの集団を分類する際、Gm遺伝子の遺伝子頻度が役に立つ。遺伝子頻度とは、特定の集団中に複数の遺伝子がどんなバランスで存在しているかという比率のことだ。Gm遺伝子の遺伝子頻度は、民族集団によって著しく異なる。従って区別が曖昧な集団同士でも、Gm遺伝子を調べれば系統の違いがはっきりとわかるわけだ。

日本や世界各地で行われたGm遺伝子の調査から、ある研究者は次のような結論を示している。

まずモンゴロイドは、南方系と北方系の二つに大別できる。現代日本人は、北方系に属する集団だ。南方系との混血も行われたが、混血率はせいぜい7〜8％程度とみられている。

またアイヌと琉球人について、やはり興味深い結果が得られた。この両者は、遺伝的にほとんど等質だというのだ。

この他韓国人は日本人と同じく北方系のGm遺伝子を持ちながら、漢民族の影響を強く受けているという。また中国の漢民族はGm遺伝子の頻度分布が、南北方向に変化しているそうだ。これは等質性が顕著な日本人や韓国人に比べて対照的といえるだろう。

ただしこの見方によればアイヌも琉球人も、沿海州から渡ってきたモンゴロイドの子孫ということになる。そしてその起源はシベリア南東部のバイカル湖周辺に求められるというのが論者の主張だ。だがこれには異論も少なからずあり、さらなる研究と議論が必要と考えた方がいいだろう。

■縄文人のミトコンドリアＤＮＡを分析する

遺伝子研究と聞くと、多くの人が映画『ジュラシック・パーク』を思い出すことだろう。恐竜の遺伝子を取り出して再生するという設定は、遺伝子とは何かを広く知らしめることに貢献したようだ。

しかし残念ながら、現実はフィクションのようにはいかない。不完全な遺伝子から6500万年前の生物を作り出す技術は、実現の見込みもないのが現状だ。

600万年前に誕生したとされるヒトの遺伝子も、手に入る望みは薄い。3万5000年前に絶滅したとされるネアンデルタール人の遺伝子探しは、数名の研究者が競って挑戦しているが、完全に化石化した試料から遺伝子を得るのは、やはり難しいらしい。

これが1万年ほど昔の人骨となると、話は変わってくる。すでに1988年、約6000年前の縄文人の人骨から遺伝子を採取することに成功しているのだ。

実験の対象となったのは、縄文時代前期の頭骨など5体の人骨だ。わずかな遺伝子を大量に複製するPCR法と呼ばれる技術を使って、3体からミトコンドリアDNAの断片を取り出した。

ミトコンドリアDNAは、細胞内のミトコンドリアと呼ばれる小器官にある遺伝子だ。これに対して一般的にDNAという場合、細胞核の中にある核内DNAを指す。核内DNAは数十億の塩基対を持つが、ミトコンドリアDNAは1万6000

程度しかない。その他母親からのみ子供に伝わるといった特徴もある。

ヒトの系統を探る上で、ミトコンドリアＤＮＡはよく用いられている。突然変異、つまり進化が核内ＤＮＡより速いため、個人差が大きいからだ。コーカソイドもネグロイドもモンゴロイドも、核内ＤＮＡの差は極めて小さい。しかしミトコンドリアＤＮＡなら、系統上の違いもはっきり見つけることができる。

縄文人のＤＮＡから得られた結果は、およそ次の通りだ。遺伝的に最も近い現代人はマレーシア人、インドネシア人、そしてアイヌとなる。次に近い集団として本土日本人が位置するが、その約３分の２は縄文人とかなり異なった点をみせた。さらに大陸系のアジア人も、縄文人とは大きく異なっているのだ。

縄文人のルーツを巡って、東南アジアと北アジアの二つが争っていた経緯がある。ミトコンドリアＤＮＡの比較は、東南アジア説を支持する強い裏付けといえそうだ。

ただしこの結果だけで、縄文人のルーツを断言することはできない。現代日本人の遺伝子も個人差のばらつきがあるように、縄文人も相応の個人差はあったはずだ。そう考えると、３体というサンプル数は少な過ぎるといわざるを得ない。東南アジア説はこれで否定できなくなったが、同時に北から渡ってきた集団があった可能性もある。
しかし実物の遺伝子を調べたという点で、この結果は重要だ。少なくとも一定数の縄文人は、東南アジアがルーツだったことが証明されたのである。

■縄文人はどのルートを通って来たのか?

ところで、日本人の源流を探る研究において、以前は人間の骨格や歯などの「形態」を観察・計測し、それに基づいて統計的に処理して解析するという「形質人類学」による手法が主流であった。

これに対して、1970年以降には新しい手法が用いられるようになった。それは骨や血液などに残された遺伝子の本体であるDNAを直接解析するという方法だ。

形質人類学的な手法においては、あくまでも骨からの表面的な観察がメインだったために、熟達した経験と観察眼がなければ、人間の系統や血縁関係を調べることは不可能だった。

しかし、DNAの解析では、より精度の高い情報を得ることが可能になり、研究成果の信頼度も高くなった。

そこで、ＤＮＡ解析の手法を用いて得られた新しい成果を紹介する。まずは縄文人についての研究である。

縄文人はもともとどこからやって来たのか、それは日本人の源流をたどる上で大きな問題だが、近年、それを解明するための重要なヒントになる発見があった。

縄文人とは、約１万２０００年前から約２３００年前まで続いた縄文時代に、現在の日本列島のほぼ全域にわたって住んでいた人々を指す。縄文土器を使用して、主に狩猟や採集で食料を手に入れて生活していた。

平均身長は男性でも１６０センチメートル以下と小柄だが、がっしりしており、足場の悪い地形を駆け回ることが得意だったと考えられる。そういった身体的な特徴から、そのルーツは東南アジアではないかという説もある。

基本的には、約１万２０００年前よりも以前に日本にいた旧石器時代人が、そのまま縄文人になったと考えるのが自然だが、しかしすべての縄文人が同じような性質や特徴を持つわけではないし、最初の時期にはさまざまなルーツを持った縄文人がいたと考えられる。それが長い時間を経て、一つの縄文人としてまとまっていったと考えるのが妥当だと思われる。

しかし、それにしても縄文人になった人々は、もともとどこからやってきたのか、それは長年の謎だった。

そんな中で、2020年に一つのニュースが注目された。

愛知県田原市に伊川津遺跡という遺跡があり、約2500年前の人骨が発見された。約2500年前という年代からいえば縄文時代晩期にあたるが、しかし縄文時代晩期の土器が一緒に発掘されたことから「縄文人」とされた。

この縄文人の女性人骨のDNAの全ゲノム配列を解読したところ、現在のラオスに約8000年前にいた狩猟採集民の人骨のゲノムとよく似ており、どうやら約5万～4万年前にアジア東部に到達したホモ・サピエンスの集団の中でも、最古の系統に属する集団らしいということが判明したのだ。

アフリカで約20万年前に誕生したホモ・サピエンスは、約6万～5万年前にユーラシア大陸に広がり、約5万～4万年前にアジア東部に到達した。その中には、オーストラリアやパプアニューギニアに移動した集団もある。

伊川津遺跡の人骨のDNAは、そこからさらに約3万8000年前に日本列島に到達した集団があったということを物語っているのだ。

ただし、ユーラシア大陸に入ってきた集団がその後、具体的にどのルートを通って日本列島に到達したかの詳細は今もわかっていない。

アフリカ大陸から東ユーラシア大陸までの拡散は、時期としては後期旧石器時代にあたる。彼らがたどった道としては、ヒマラヤ山脈の北側を通るルートと、南側を通るルートの二つが考えられるが、その集団が残したであろう石器などの考古遺物は、実はヒマラヤ山脈の以北と以南と、どちらでも発見されているのだ。だから、どちらとも断定しがたい。

ただし北と南のルートでは、石器の特徴が異なっている。東アジアから北東アジアに連なる一帯では、主に北ルートの特徴を持つ石器が見つかっている。このために日本列島にたどり着いたホモ・サピエンスは、ヒマラヤの北を通って到来したのではないかという説が有力だった。

ところが近年のゲノム解析の進歩により、現在ユーラシア大陸の東側に住んでいる人々は、明らかに南ルートを通って移動したことがわかってきた。

なぜこのような矛盾が生まれるのだろうか。ここであらためて、伊川津遺跡から出土した縄文人のゲノム解析を見直してみると、彼らは東ユーラシアのルーツともいえる古い系統であり、南ルートを進み、北ルートの影響をほとんど受けていないことが明らかになった。

これは、縄文人が東ユーラシアで最も古い系統の一つであることを示唆している。伊川津から出土した2500年前の縄文人は、それ以前に東南アジアにいた人類の集団から分岐した「東ユーラシア基層集団（東アジア人と北東アジア人とが分岐する以前の集団）の根っこに位置する系統の子孫であることを明らかにした。

つまり、縄文人は、東ユーラシアの中でも、飛び抜けて古い系統であることを意味し、さらには、現在のユーラシア大陸に住む人々のゲノム多様性を理解する上での重要な鍵になることを意味しているのだ。

とはいえ、伊川津遺跡から出た人骨の解析は、まだ数の上で少ない。今後の研究と分析が待たれるところである。

■西九州弥生人は渡来系との混血だったのか？

九州の弥生人は、渡来系弥生人（大陸から北部九州に渡ってきた）、南九州弥生人（現在の鹿児島付近に住んでいた）、そして西九州弥生人（現在の長崎県付近に住んでいた）の三つに大別される。このうち西九州弥生人については、これまで縄文人の直系だと考えられていた。

ところがＤＮＡを解析する研究が進んだ結果、じつは渡来系弥生人との間でかなりの混血が行われていたということが判明した。

そんななかで注目されたのが、１９７０年に長崎県佐世保市の下本山岩陰遺跡から発掘された西九州弥生人の人骨である。近年のゲノム解析の技術の進歩により、その遺伝的特徴が詳しくわかってきた。そして２０１９年、その人骨は縄文人と現代日本人との中間に位置づけられることがわかったのだ。

そしてさらに、これまで縄文人の直系と考えられてきた西九州弥生人も、じつは渡来系弥生人との間で混血が進んでいた可能性があると注目され始めたのだ。

ただし、これが西九州弥生人すべてに当てはまることなのか、あるいは、たまたま分析した人骨に固有の特徴なのか、その点はまだ断定はできない。

たとえば、同じ時期の北九州や東日本から出土する人骨については縄文人特有の特徴があり、渡来系弥生人との混血の痕跡はみられない。つまり、渡来系弥生人との混血はあくまでも小さな地域の中だけでの限定的な出来事だったとする考え方もあるのだ。

しかし、日本人成立の過程に新たな見方が加わったことは確かである。

これまでは大陸から入ってきた渡来系弥生人と縄文人との間で交配が進み、それが現在の日本人へとつながったと考えられていた。西九州弥生人の中での混血の割合が今後さらにはっきり解明されれば、その点もより明確にわかってくると期待されている。

■「古墳人」の登場

プロローグで紹介した通り、2021年9月18日の新聞に、「現代日本人の祖先、古墳時代に誕生？」という記事が掲載された。

これまでは、もともと日本列島に住み着いていた土着の縄文人と、大陸から渡来した集団とが混血して新たに弥生人となり、それが現在の日本人になったとされてきた。1991年に東京大学名誉教授の埴原和郎氏が唱えたこの「二重構造モデル」は長年の定説だったのだ。

ところが2021年になり、それを大きく書き換える発見があった。クローズアップされたのは古墳人である。古墳時代に新たな古墳人が登場したことにより、現在の日本人につながる祖先集団が誕生したことが判明したのだ。

そのきっかけは、金沢市岩出横穴墓から出土した約１５００年前の古墳時代の人骨のＤＮＡ解析である。古墳人のＤＮＡから、縄文人や弥生人にはなく、しかも現代日本人にみられる東アジア人特有の遺伝的な特徴が見つかったのだ。

この調査では、約９０００年前の縄文人や約１５００年前の古墳人など計12体のＤＮＡが解読され、すでに解読済みの弥生人２体のデータなどと比較することによって、どの集団が遺伝的に近いのかが調べられた。

その結果、弥生人は中国東北部の遼河流域など北東アジアで多くみられる遺伝的な特徴を持ち、さらに縄文人と混血していることも確認された。

一方、古墳人は弥生人が持っていない東アジア人に多くみられる特徴を持っており、さらに現代人と遺伝的な特徴がほぼ一致することも判明した。

大陸から大勢の人々が日本列島に渡来したのは、約３０００年前の弥生時代だというのが現在の定説だ。しかし、分析の結果が正しければ、その後も多くの集団が次々と渡来し、織物や土木などの新技術を伝え古墳時代を築いたことが考えられる。

そして、彼らの系統が現代日本人につながったという可能性が出てきたのだ。

これはつまり、現代の日本人が縄文、弥生、古墳の三つの祖先集団から成り立っていることを示しているということだ。

もしかしたら弥生時代後半には邪馬台国が栄え、古墳時代に移行し古墳人の登場によって現代につながる祖先集団が初めて誕生したという新たな図式が、鮮明になりつつあるのかもしれない。

■そして人類は島国・日本へ

このように、DNA解析技術のめざましい進歩により、日本人の源流を探る研究は今、飛躍的に進歩している。

日本人の成り立ちについては、これまで土着の縄文人と渡来の弥生人との関係で、置換説、混血説、変形説が提唱されてきたが、現在では置換に近い混血説が主流になっている。

この混血説は前述したように、1980年代に多数の人骨や歯などの形質を統計的に分析処理した二重構造モデルが有名である。

このモデルでは、日本列島に渡来した人々を縄文時代までと、弥生時代以降の2段階に分け、縄文時代には北海道から沖縄まで日本列島全体に縄文人が住んでいたが、弥生時代になって大陸からやってきた渡来人（弥生人）と混血し、現在に続く日本人の基本集団が成立したとされていた。

一方、南北に長い日本列島には北の北海道、東北地方北部や南部の沖縄諸島など、縄文人の血をより色濃く伝えている港川人のような人々が存在していて、西日本では渡来説、東日本では混血説、日本列島の両端では変形説など、それぞれ当てはまるというものであった。

ところが、1990年代以降、分子生物学が発達すると、遺物に残された遺伝子情報（ミトコンドリアＤＮＡ）からの分析が活発に実施された。その結果、日本人のルーツについてもいろいろなことが明らかになってきた。

それによると、日本列島に渡来した人類は、アフリカを旅立った6万年前のホモ・サピエンスたちであり、南ルートと北ルートで太平洋沿岸地域に到達し、大陸沿岸部から島嶼環境にあった日本列島に、渡航具を使用して海を渡って来島したとされる。

その時期については、2万8000年前の旧石器時代後期と、2000年前の弥生時代、1500年前の古墳時代（それ以降も）である。

旧石器人は列島内に拡散していくが、1万6000年前の縄文時代になると列島各地に定着し土着の縄文人が成立する。やがて、2000年前の弥生時代になると、大陸から北方起源の渡来人である弥生人が来島し、南方起源の土着の縄文人と置換に近い混血をし、現在の日本人になったという説が有力である。

そして現在の日本列島には、北にはアイヌ、南には琉球人、中央には本土日本人の三つの集団が、長年にわたって独自の誇り高き文化を築き上げてきた歴史が認められている。

現在はまだ明確に判明していないことでも、やがてはＤＮＡの詳細な分析と新たな遺跡や遺物、人骨などの発見により新しい発見がなされるはずである。

■ウィルスという手がかり

南北に長い日本列島の両極で、独自の文化を育ててきたアイヌと琉球人だが、じつは極めて遺伝的な系統が近い。この事実は、現代人を対象にした医学研究からもいっそう明らかとなっている。

手がかりの一つは、成人Ｔ細胞白血病＝ＡＴＬウィルスだ。ＡＴＬウィルスは、母と子、あるいは夫婦間でしか感染しない。つまり感染経路は原則として家族に限られる。

以前、ＡＴＬウィルス抗体陽性者、つまりキャリアを全国的に調べる調査が行われた。その結果、琉球人とアイヌの間に著しく多いことがわかったのだ。

それに対して本土の日本人は、九州が８％、四国・中国地方０・５％、近畿１・２％、東海・北陸０・３％、関東０・７％、東北１％。北海道在住の本土日本人も同じく１％だ。こうしてみると、西日本と東海を谷間とするカーブが窺える。

こうした結果から、次のように考えることも可能だ。最初にＡＴＬウィルスのキャリアを多く含んだ古モンゴロイドが、何らかのルートで日本列島に渡った。彼らは縄文人となり、日本列島の各地に広がっていく。そこへ訪れたのが、キャリアを含まない渡来系弥生人だ。彼らは縄文系の人々と混血しながら、西日本を拠点として次第に各地へ広がっていく。しかし寒い地方までは足を延ばさなかった。こうした両者の足どりが、ＡＴＬウィルスキャリアの分布として表れているというわけだ。

とはいえ、こうした見方には不安な点もなくはない。東南アジアでもATLウィルスキャリアの調査が行われたが、その起源は見つかっていない。

日本以外でキャリアが多いのは、アフリカとパプアニューギニアだ。この分布から縄文人や弥生人の祖先について断言するのは軽率だろう。また化石や遺伝子と異なり、ウィルスの起源の客観的な年代を知ることは難しい。そのためウィルスがどんな経路で伝播したかは、論者の主観に委ねられている節もある。

しかし起源が何にしろ、アイヌと琉球人の共通性は確かな事実だ。それは遺伝子の研究によっても明らかになりつつある。

すでに触れた通り、Gm遺伝子の調査はそうした例の一つだ。

もちろんアイヌと琉球人の間にも、いくつかの違いはもちろんある。たとえばPTC=フェルニチオ尿素という化学物質を舐めて、苦いと感じるか感じないかを左右する遺伝子がそうだ。苦いと感じない人は本土日本人の場合で16%存在するのに対し、アイヌは10%以下。ところが琉球人は反対に20%以上の高率だ。

また血液のタンパク質の遺伝的多型から、日本の地方ごとに系統樹を作る試みも行われた。その系統樹では、最初に北海道と沖縄、そしてそれ以外のグループに枝分かれしている。さらにアイヌは、琉球人よりも本土日本人とやや離れたところに位置する集団であることが示された。

アイヌと琉球人の共通性は、日本の中でも際立っていることは間違いない。しかし全く等質な集団と考えるのも早計だ。やはり何らかの異なったヒトの交流があり、独自の文化が形成されたと考えるべきだろう。

■動物の遺伝子分布を読み解く

東南アジア、沿海州、朝鮮半島など、さまざまなルートを通って、我々日本人の祖先は日本列島へ渡ってきたと考えられている。しかしこれらの長い旅を経て生活範囲を広げたのは、ヒトだけではない。

我々の祖先は古くから、さまざまな動物と一緒に暮らしてきた。そして新しい土地を求めて移動する際も、動物たちはヒトと行動をともにしたのだ。

そうした動物の代表は、イヌだ。日本列島で見つかった最古のイヌの化石は約９５００年前のものだった。その他の資料からも、縄文時代から人々はイヌを家畜としてきたことが窺える。日本列島やアジア各地に住むイヌの分布についても、ヒトと同様に遺伝子を使った調査が行われている。その一つは、イヌ・ヘモグロビンの遺伝的多型を調べたものだ。結果は、おおむね次のようになった。

イヌ・ヘモグロビンは、A型とB型に分けられる。このうち日本列島は、圧倒的にB型が多い。ただし中国地方では、A型の割合が他の地域よりかなり増している。一方、台湾の在来犬はほぼ全てがB型になる。反対に朝鮮半島の伝統的なイヌである珍道犬はA型が圧倒的多数を占めている。

また、イヌ赤血球遺伝子の頻度を調べる調査も行われた。こちらもA型とB型の2通りだ。それによると北海道はほぼ全てA型なのに対して、日本列島を南へ下るにつれB型が増えていく。そして四国では北海道や東北と対照的に、B型が多数派だ。一方、朝鮮半島の珍道犬はA型B型の割合がほぼ半々で、台湾在来犬まで下るとまたA型が多数を占めるようになる。

以上の結果から、次のような結論が得られそうだ。

大雑把に分けて、イヌにも南方系と北方系がある。台湾在来犬と朝鮮半島の珍道犬が好対照をなすことからも、それは窺えるだろう。そして日本列島のイヌは基本的に南方系の特徴を示しているが、西日本ではそれが逆転することもある。

こうした前提に立てば、イヌの分布からヒトの移動を想像することも可能だ。かつて南方系の人々がイヌとともに日本列島へ渡り、縄文人として各地へ広がった。そして後にやってきた渡来系弥生人が北方系のイヌとともに、西日本へ渡ってきたのではないだろうか。アイヌ犬と呼ばれる北海道のイヌが台湾在来犬に近いという見方も、この考え方を支えている。

ヒトとともに移動するのは、イヌのような家畜ばかりではない。害獣とされるネズミも、ヒトを利用して生活範囲を広げてきた動物だ。

野生のハツカネズミに対しても、同様に遺伝的多型の分布が調べられている。対象となったのはミトコンドリアＤＮＡ、マウス・ヘモグロビンの遺伝子などだ。マウスの場合もやはり、南方系と北方系の２系統が大きな分布として表れた。そして北海道、東北地方、九州以南が南方系の特徴を示すのに対して、日本列島の中央は北方系となっている。ここから、すでにみてきたヒトやイヌの分布と共通した傾向を見出すことが可能だ。

ただしイヌやマウスの分布に基づく見方は、あくまでただの仮説に過ぎない。南方系と北方系の混血が日本列島で行われたとしても、それが弥生時代のこととは限らないのだ。また北海道や東北で南方系の特徴がみられるのも、縄文時代から続く傾向かどうかはわからない。イヌやマウスの分布がおおむね定まったのは、ずっと後の時代のことではないかとする見方もある。

しかし動物の遺伝子が、何らかの形でヒトの移動を裏付ける材料となり得るのは間違いないようだ。さらなる研究の結果、また新たな事実がここから浮かび上がってくるかも知れない。

第3章

「食」の起源をさかのぼる

米のルーツ

■稲作が伝わった三つのルート

古来、日本人は米を主食としてきた。食文化のボーダレス化に伴い摂取量は減少傾向にあるとはいえ、米を抜きにして日本人を語ることはやはり不可能である。

往々にして米はもともと日本にあったものと考えられがちだ。しかし米は純粋な国産ではなく、国外からもたらされた食物である。

これまでの研究によれば米、つまり稲作は紀元前5世紀ごろに伝わったというのが定説となっていた。近年、国立歴史民俗博物館の研究グループによってその伝来は定説より500年ほど早い紀元前10世紀ごろではないかという説が発表された。

いずれにしても稲作の伝来によって狩猟・漁労・採集の縄文時代が終わり、水田稲作の弥生時代が始まったのである。

ではいったいどこから、また誰が日本へ稲作の技術を伝えたというのだろうか。

現在、有力視されているルートは三つある。
一つは中国の華北地方（北京市、天津《てんしん》市、河北《かほく》省、山東《さんとう》省、山西《さんせい》省あたり）から朝鮮半島を経て北九州へ入ってきたという説だ。もう一つは中国第一の大河、長江《ちょうこう》（揚子江《ようすこう》）の河口あたりから東シナ海を越え、直接あるいは朝鮮半島南部を通って九州に入ってきたという説、そして中国の華南地方から台湾、琉球列島を経由して九州に入ってきたという説だ。

なかでも華北地方から朝鮮半島を経て九州北部に伝わったという説がもっとも有力視されてきた。ところがＤＮＡを用いた研究によって、日本で栽培されている主要な稲２種類のうち、１種類は朝鮮半島には存在しないことが判明した。これによって、長江付近から直接伝来したのではないかという説も有力になっている。

どのルートで伝わったかは確定していないが、日本に入った稲作が九州から中国・四国、近畿地方へと広がり、紀元前後ごろに東海道一帯に、そして２００～３００年後に東北地方へ伝来したのはほぼ確定とされる。

また、稲の起源はインドのアッサム地方とミャンマー、ラオス、ベトナムと国境を接する中国の雲南《うんなん》地方という見方が強い。それを裏付けるのが稲の品種だ。

アジアの稲は現在、大きくジャポニカ種（日本型）とインディカ種（インド型）の2種類に分けられ、ジャポニカ種は日本、朝鮮、長江下流域、ラオス山間部に、一方のインディカ種はインド、カンボジア、中国・華南、ラオス、台湾に分布している。ただし、中国の華中とインドシナにはジャポニカ種とインディカ種の両方が混在するという。

ちなみにジャポニカ種は幅と厚さがあり丸みを帯び、粘りと甘味が強いのが特徴で、インディカ種は小粒で細長く、やや扁平なのが特徴だ。

ジャポニカ種の分布から伝来ルートを推理してみると、長江から朝鮮半島南部、そして九州という道筋が浮かんでくる。

紀元前3世紀ごろの中国北部では、稲作よりも麦作のほうが盛んであったことから、華北地方から朝鮮半島を経由して北九州へ入ってきたという説は間違いだと指摘する声もある。

また、稲のことを韓国ではナラップ、ベトナムの安南ではネップ、中国・春秋時代の呉《ご》国（現在の江南＝長江以南の地方）ではニュアン（ニユア）と呼び、稲と同じようにn音を持っているが、北朝鮮ではペイ、現中国ではタオと稲との発音に関連性がみられないことから長江から直接九州に渡った説を唱える人もいる。

日本における稲作の開始やその伝来ルートに関しては、もともと諸説ある中で、近年の研究によって次々に新しい発見がされ、議論が活発になっているのが現状なのだ。

■縄文遺跡から発掘された水田稲作の跡

１９９９年、それまでの稲作に関する定説を真っ向から覆す大発見があった。岡山県岡山市の朝寝鼻《あさねばな》貝塚から、約６０００年前のものとみられる稲のプラント・オパールが出土したのである。

プラント・オパールとは一言でいえばイネ科の植物などに含まれるガラス質の細胞のことで、たとえ植物が腐って跡形もなく消え去っても、このプラント・オパールだけは何千年という時を経てもなお土の中に残っている。その理由は硬くて熱にも強く、腐らないためである。また、植物によって形がすべて異なっているのも大きな特徴だ。

つまりプラント・オパールを分析すれば、そこに何の植物が育っていたかが判別できるというわけだ。朝寝鼻貝塚のプラント・オパールを分析した結果、縄文時代前期の稲であることがわかったのである。

朝寝鼻貝塚だけでない。岡山県の5000～4000年前にあたる縄文中期の遺跡・姫笹原《ひめざさわら》遺跡や、4000～3000年前にあたる縄文後期の南溝手《みなみみぞて》遺跡からも稲のプラント・オパールが出土している。

さらに鹿児島県の中期の遺跡、長崎県の3000～2700年前にあたる晩期の遺跡、福岡県の後期・晩期の遺跡、熊本県の中期・後期・晩期の遺跡、福井県や青森県の後期の遺跡といった具合に、九州、近畿、東北の遺跡から次々と縄文時代の稲の痕跡が発見されている。

さらに、佐賀県唐津《からつ》市の菜畑《なばたけ》遺跡や福岡県福岡市の板付《いたづけ》遺跡といった縄文晩期の遺跡からは、今行われているような水田稲作の跡が発見されている。つまり、水田稲作が行われていたのは縄文晩期だが、稲作そのものは縄文時代の中期である6000年前にすでに伝わっていたということになるのだ。

さらに、そこから伝来ルートを考えてみよう。ルートを探る上で欠かせないのが、プラント・オパールによって分析された稲の品種である。アジアの稲は大きくジャポニカ種とインディカ種に分別されると前述したが、ジャポニカ種はさらに熱帯ジャポニカと温帯ジャポニカとに分けることができる。

最近の研究によって、縄文時代の遺跡から出土した稲は熱帯ジャポニカである可能性が高い。ところが我々日本人が現在食べているのは、温帯ジャポニカである。

ところで２種類のジャポニカ種は、どのようにして日本に伝わったのだろうか。それを解明する鍵が中国で発見された遺跡に残されている。

中国の長江下流域、浙江省の河姆渡《かぼと》遺跡は、広大な稲作跡を残す約７０００〜５０００年前の遺跡である。１９７３年から１９７８年の間で２期に渡る調査が行われ、この遺跡から１２０トンもの稲のもみが発見された。そして、そこから発見された炭化米２粒のＤＮＡを調査したところ、いずれも熱帯ジャポニカと判明したのだ。

また当時の稲作が地面を掘り下げて水を溜め、そこにもみを蒔いて育てる方法だったことや、焼畑方式で栽培していたこともおおよそわかっている。さらに、他の長江下流域の遺跡から出土した稲の中には野生の稲も混じっていたことから、このあたりで稲の栽培化が始まったとする説が最有力視されている。

河姆渡遺跡の年代、朝寝鼻貝塚の約6000年前の稲のプラント・オパールの出土から研究者たちはこう推測する。

今からおよそ1万年前、長江中・下流域で野生の稲が育っていた。人間はその稲が食べられるものであることを発見し、その栽培、つまり稲作を覚えていく。

7000年前ごろになると長江下流域で稲作が盛んに行われるようになり、しばらくしてから長江の河口地帯の人々、要するに東シナ海沿岸で暮らす人々が、物々交換するために日本にもみを持ってきた。こうして日本でまず熱帯ジャポニカが栽培されるようになっていったのではないか。

最近の研究によって、長江中・下流域から琉球列島を経由し、そして日本に入ってきたことが明らかになりつつある。当時の日本でも、河姆渡遺跡と同じように焼畑または湿地で栽培されていたこともわかっている。

■温帯ジャポニカの誕生

では現在、我々が口にしている温帯ジャポニカはいつ日本に入ってきたのだろうか。その謎の答えも河姆渡遺跡にあった。

河姆渡遺跡は地層が幾層にも積み重なってできた遺跡だが、６０００年前から４０００年前の地層を調査したところ、熱帯ジャポニカが変化して温帯ジャポニカが生まれていたことがわかったのである。

また、長江中・下流域の遺跡数カ所から６０００年前の水田跡がいくつも発見され、これらの水田はあぜで区画され、ところどころに溜池が作られており、隣の田に送る水口といった灌漑施設も備えていた。

研究者によれば、人々は湿地や焼畑で行っていた稲作ではあまり収穫がないことを悟り、水田稲作を編み出したという。その稲作方法の進化の過程で、稲も熱帯ジャポニカから温帯ジャポニカに変化していったと考えられている。

こうしてできた温帯ジャポニカと水田稲作の技術は、やがて朝鮮半島南部にまで及ぶ。各地の遺跡から出土した遺物は２５００年前、九州と朝鮮半島との交流が盛んだったことを物語っているが、このころ朝鮮半島から日本に温帯ジャポニカと水田稲作の技術が伝わったと考えてもなんらおかしくはない。

それを裏付けるかのように１９８１年、佐賀県唐津市の菜畑遺跡から約２５００年前の日本最古の水田跡が発見されたのだ。また福岡県の板付遺跡からは、弥生時代の水田跡の下層から縄文時代晩期、約2400年前の水田跡が発見されている。この水田跡は井堰を設けるなど高度な土木技術によって作られていた。

また温帯ジャポニカに含まれる遺伝子を研究した結果、温帯ジャポニカは長江中・下流域で発生したことはほぼ間違いないらしい。

ところで温帯ジャポニカが日本にもたらされた当初、まだまだ熱帯ジャポニカが栽培されていたはずである。それでは、熱帯ジャポニカは突如として栽培されなくなったということだろうか。

研究者によれば、当時の人々は両方の稲を一緒に栽培し、2種類の稲が交配を続けることによって、温帯ジャポニカ種の中でも早生化し、かつ寒冷地でも育つ稲が誕生したという。この新しい稲の出現によって、東北地方でも水田稲作が行われるようになったのである。

本州最北端の青森県弘前市の砂沢遺跡では、約2400年から2300年前の水田跡が発見された。かつては東北地方北部に水田稲作が伝わったのは3世紀ごろと考えられていたが、目下の議論は本州北限の稲作が弥生時代に始まったか否かである。

■弥生土器の底にあけられた「穴」

現在、我々はごく当たり前のように刈り取った稲を脱穀して精米し、そして炊いて口へと運んでいる。しかし、６０００年前の人々はどのようにして米を食べていたのだろうか。

今のところ当時の調理方法の手がかりは見つかっていないが、もみのまま焼いた米を手でもみ、もみがらを取って食べていたのではないかと推測されている。

弥生時代に入ってから、人々は蒸すということを覚えたようだ。その証拠に、底にいくつかの穴をあけた弥生時代の土器が発見されている。この土器はコシキと呼ばれていて、木の小枝を入れて穴をふさいだあと米を入れ、湯をわかしたツボの上に載せて蒸したと考えられている。

もちろんこの時代には精米技術はなく彼らは玄米を食べていたわけだが、玄米を最も軟らかく、そしておいしく調理する方法がこの蒸す方法であることを知っていたのだろう。

蒸すだけだった米料理はその後、さまざまに工夫されていった。たとえば土器や鍋などを使っておかゆが作られている。おかゆはおもに固かゆ、汁かゆ、こみずの3種類があったという。

固かゆは水分が少なく現在の米飯に比較的近く、汁かゆは現代でいうおかゆにあたる。この汁かゆは米だけで作る他、だいこん、いも、わかめなど具を入れたかゆも作られていたようだ。また、こみずとは現在のおもゆである。

固かゆから発展し、現代のような米飯が作られるようになっていったのは平安時代以降のことだという。数千年にわたる人々の知恵と工夫によって、現在我々は米飯をおいしく食べることができるのである。

■縄文人と弥生人の繋がりを稲が埋めた

縄文人と弥生人との関係については、従来からさまざまな説が唱えられてきた。特に学者の間では明治時代からつい最近まで、縄文人が進化して弥生人が誕生したという説と、中国や朝鮮から来た渡来人が縄文人を追い出して定住したという二つの説が真っ向から対立し、どちらも譲ることはなかった。

実は、両者の関係をひも解く鍵は稲に隠されている。

そもそも水田稲作がはじまった時代の遺跡から縄文人とは異なる骨がいくつも発見され、後に弥生人と命名された。中国から出土した同年代の骨を幾体も調査し、この弥生人の骨と照らし合わせてみた結果、同じ種類の骨であることが判明した。これが渡来系弥生人だ。

もっとも弥生人が大挙して日本に押しかけ、日本から縄文人を追い出したというわけではない。２５００年前ごろの中国は春秋戦国時代と呼ばれ、覇権争いのための戦争が絶えなかった。そうしたなか、戦乱を避けるために土地を捨てて、逃亡を図る人々がいたのである。彼らの一部が北九州あたりにたどり着いたというわけだ。

水田耕作の高い技術を持っている彼らは、日本という新天地で新生活を営むことになる。安定的な食料に支えられた弥生人たちの人口は増え、九州北部にはいくつもの村ができていった。しかしそれに伴い土地が不足し、土地争いが繰り広げられるようになってしまう。自分たちの村を広げるために弥生人たちは九州から中国地方、近畿地方、東海地方へと突き進み、弥生人同士で土地の奪い合いが行われたのである。

愛知県の朝日《あさひ》遺跡には、当時の外敵の攻撃を防ぐために設けられた４種類の仕掛け跡が残っていた。仕掛けは住居に近い方から、高い柵、濠、するどい枝のバリケート、そして斜めに打たれた杭といった具合に大掛かりなものである。

一方、先住民である縄文人はというと、やはり朝鮮半島南部の人々に教わった方法で水田耕作を営んでいたが、徐々に北上してくる弥生人に押しやられるような形で北へ北へと進まざるを得なくなった。

しかし、こうした弥生人の北上によって東北地方まで一気に水田稲作の技術が伝わったともいえるのだ。ただし、東北地方で水田耕作を行っていたのが弥生人であったか、縄文人であったかは定かではない。

弥生人に押されて北上を続けた縄文人であったが、一部の縄文人はとどまって弥生人と共存するようになる。神奈川県小田原市の中里遺跡からは、縄文人が使ったとされる石製のくわや縄文土器とともに弥生人が使ったとみられる中国大陸系の磨製石器と木製のくわなどが発見されている。

そして次第に縄文人と弥生人とが混じり合うようになり、混じり合いを繰り返すなかでさらに中国や朝鮮半島からの渡来人との混じり合いが進み、現在の日本人が誕生したのである。

「食卓」の源流

■1万2000年前の食生活

人類は数百万年前から長い間、肉を食べてきた。当初、どのような動物を食べていたかは定かではないが、2万5000年前のシベリアでは集団でマンモス狩りを行っていたことは明らかである。

狩りは主に、川や湖の水辺の湿地に追い込んだり、崖から転落させたり、穴を掘ってわなを仕掛けたりするという方法がとられていた。

獲物を仕留めるのは容易なことでなく、狩りは数日間、時には数週間にも及んだと考えられている。シベリアではマンモスの他にトナカイも貴重な食料であった。3万年前の日本でも、ナウマンゾウやオオツノシカといった大型動物が捕えられていた。

しかし1万8000年前に最終氷河期が終わり、気温が急上昇すると植生に変化が起こり、新しい環境に適応できなくなった大型動物は次々と姿を消していく。必然的に獲物は中・小型の動物になったが、それでは到底飢えをしのぐことはできない。そこで人々は、肉の代わりとして木の実なども食べるようになっていったのである。

1万2000年前ごろの日本は豊かな自然に恵まれ、木の実や植物、貝、魚、肉など口にできるものは何でも食べていた。木の実はドングリやクルミ、クリ、シイの実、トチの実などが、植物ではワラビやウド、ゼンマイ、きのこ類などがよく食べられていたようである。

では、魚や肉にはどんなものがあったのだろうか。それを知る手がかりとなるのが当時のゴミ捨て場である貝塚だ。

日本全国の貝塚を調査した結果、魚ではマグロ、サケ、カツオ、メカジキ、サバ、タラ、スズキ、カワハギ、タイ、イワシ、カレイ、アジ、ホッケ、ハゼ、ヒラメなど大型から小型まで実に豊富な種類の骨が発見された。70種類以上の魚と、300種類以上の貝を食べていたというデータも発表されている。

また石川県鳳珠《ほうす》郡の真脇《まわき》遺跡からは、286頭分のイルカの頸椎が発見された。

イルカは他の魚と違って針で釣ることができない。当時の人々は沖合いから丸木舟でイルカを浜に追い上げる追い込み漁を行っていたと推測されている。

さらにクジラの骨もいくつかの遺跡から見つかった。しかし1頭分の骨が出土したケースはなく、部分的に出土していることから浜辺で持ち運びやすい大きさに解体してから持ち帰ったと考えられている。

他にもオットセイやアシカ、さらにはサメも食べていたのである。富山県の境A遺跡や、射水市の南太閤山Ⅰ遺跡などからは、サメの歯や骨が多数出土した。中には現在、人食いザメとして恐れられているホオジロサメの歯もあり、命がけで漁を行っていたであろうことは想像に難くない。

一方、肉ではイノシシとシカが一番多く食べられていたことが明らかとなった。他にはタヌキ、キツネ、ウサギ、サル、リスなどの骨も出土している。太い部分の骨や頭蓋骨はほとんどが割られているが、これは彼らが骨髄や脳みそを食べていた証拠だ。また草食動物の胃の中味までも食べていたという。

縄文時代の食生活は実に豊かだったとみられるが、これは四季の変化がはっきりしていたことが理由だ。

春には植物の新芽や若葉を食べ、夏には海で魚を獲り、秋には木の実を大量に採集し、冬には越冬のために脂肪を蓄えた動物を追いかける。

つまり、四季の移り変わりがもたらす自然の恵みをうまく利用して生活していたのである。

■上野原遺跡の不思議な遺構

縄文時代の文化がどれだけ発展していたのかは、食物の調理方法からも窺い知ることができる。

それまで肉を生のまま食べていた人々は、火の利用を知ると肉を火であぶって食べるようになる。さらに石製の小刀が発明されると、食べやすい大きさに肉を切り分けてから火で焼いて食べた。

やがて、焼くと肉汁が出てしまうため煮ることを覚える。土器のない時代には地面に穴を掘り、そこに獣の皮を敷き詰め、そして水と肉を入れ、焼いた石を投げ入れて煮ていたのではないかと推測されている。

１９８６年に発見された上野原遺跡は、９５００年前ごろの人々がかなり高度な文化、つまり高度な調理技術を持っていたことを物語っている。

鹿児島県霧島市のシラス台地上にある上野原遺跡は、日本最古で最大級の定住集落遺跡である。

発掘調査の結果、彼らはドーム形の竪穴住居に住み、住居の近くに調理場を設けていたことが判明した。遺跡から煮炊き用や貯蔵用などの土器も大量に出土したのである。

これだけでもいかに高度な文化を持っていたかがわかるが、さらに人々を驚愕させる遺構が発見された。

それは連結土坑と呼ばれるもので、大小二つの穴をトンネルでつなぎ、中で火が焚けるようになっている。なんとこれは、燻製を作るためのものだったのだ。

使い方はこう推測される。まず大きい方の穴に人が入って腰掛け、穴の中で火を焚く。一方の穴には肉などを吊るし、そして上からフタをする。うちわのようなもので火をあおり、煙を肉などに当てて燻製を作る。

つまり彼らは食品を加工したり、保存したりする技術をすでに持っていたということである。

また集石という遺構も見つかっているが、これは石をいくつも積み重ねたもので、石を焼いてその中に肉などを入れて蒸していたと思われる。

縄文人はただ肉を蒸したり、煮たりしていたのではないことも最近の研究から明らかにされた。現代人と同じように、野生のサンショウやミツバ、セリなどをふりかけるなどして肉の臭みを消して旨味を引き出していたようだ。

さらに縄文人は、魚をつぶしてサンショウなどを混ぜて塩漬けにした醤《ひしお》も作っていたといわれている。醤は今でいう塩辛や秋田のしょっつるのようなもので、身の部分はそのまま食べ、汁は調味料として用いたという。

醤はその後、カニやエビ、イカ、ウニ、鶏肉などさまざまな材料を用いて作られるようになる。その後、中国から伝わった穀物を使った穀醤が主流となり、そこから醤油や味噌が生まれていったのである。

その他にも魚は今の刺身のように生で食べてもいた。火で焙ったり、煮たり、石蒸しにしたこともわかっている。

さらに、魚の干物や干し貝も作られていた。干し貝は貯蔵できるので、一度に大量の貝を煮て、身を取り出して乾かして作っていたようだ。

■岩塩が産出されない地の「製塩法」

塩は貴重な調味料の一つであるが、日本では岩塩がほとんど産出されない。かつての人々はどのようにして塩分をとっていたのだろうか。

縄文人は、干物にされた魚や干し貝、海草、また動物の内臓や血などから塩分をとっていたと考えられている。また縄文時代、土器に海水を入れて煮詰めるという簡単な方法で塩をとっていたことが、茨城県稲敷《いなしき》郡美浦《みほ》村の法堂遺跡から出土した製塩土器によって判明した。

製塩のための土器は、火で熱すると塩が結晶化し割れやすいため、形は単純で模様などもつけられていなかった。

水田耕作がはじまり、米を主食として食べるようになると、人々はますます塩分を欲しがるようになっていった。植物に含まれるカリウムは排尿の時に塩分を排出させる働きを持つ。野菜や豆類、いも、米などはカリウムを多く含むため、米を主食にすれば塩分も不足しがちになるのだ。

こうして塩作りの重要度は増していき、そのうち海辺の人々と内陸部に移り住んだ人々との間で塩の交易が行われるようになる。これで塩作りにも一層、工夫が凝らされていったようだ。

6世紀ごろになると、藻塩焼きという製塩法が編み出される。もっとも原始的なやり方は、焼いた海藻の灰をそのまま使うものだ。その後、海藻に何度も海水をかけて乾かし、そこに付着した塩を海水で流して濃い塩水を作り、その上ずみを煮詰めて塩を取るという方法に発展していった。

奈良時代末期から17世紀ごろまでは塩田によって塩を作っていた。砂浜を平らにし、粘土を敷いて砂を撒く。そこへ海水を注いで乾かし、塩が付着した砂を入れ物に入れて塩水を搾り出す。それを煮詰めて塩を精製したのである。

江戸時代になると、潮の干満を利用して簡単に塩を取る方法が考え出された。そして現在に至るまで、良質な塩を作るためにさまざまな工夫がなされている。人々はこうして生命の維持に欠かせない塩を効率的に作り出すことを覚えていった。

■石皿、すり石から作られた食べ物

パンやクッキーというと戦後普及した食べ物のように思われるが、実は縄文時代から作られていた。

それは今から9500年前までさかのぼる。鹿児島県の上野原遺跡から、ドングリなどを蓄えておく貯蔵穴や木の実をすり潰して粉にする石皿とすり石などが多量に発掘されたが、これがパンやクッキーを作る道具だったのだ。

まず、石皿とすり石を使ってシイやトチの実、ドングリといった木の実を砕いて粉にする。その粉を容器に入れて、水を注ぎアクを抜く。するとでんぷんができるので、それをパンやクッキーのようにこねて焼いたり、茹でて食べたと考えられている。

また、長野県諏訪郡富士見町の曽利《そり》遺跡や新潟県のいくつかの遺跡からも、コッペパンやクッキーのような炭化した植物性食品が発見された。このころになると、クリやヒエ、イモ類を原料としてパンを作っていたようである。粉にしたものをこね、葉で包んで蒸したことも出土品から判明した。

木の実の貯蔵庫を持つ縄文時代中期から後期にかけての竪穴住居が多数発見されている事実からも、縄文時代にパンやクッキー作りが盛んだったことは推測できる。その結果、調理方法などパン作りのための工夫があちらこちらになされていった。

山形県の押出《おんだし》遺跡からはクルミの粉をベースにイノシシやシカの肉が加えられ、さらにつなぎとして動物の血や骨髄、鳥の卵が使われたハンバーグのようなクッキーが発見されたのである。

しかし、パンやクッキーなどの原料となっている木の実はそのままでは食べることのできない、アクの強いものだ。そこで彼らはアクを抜くことを覚え、そしてより効率的にアク抜きをするために土器を改良していった。縄文土器のほとんどが祭祀に使うものを除けば、アク抜きや煮炊きなどの調理道具である。

アク抜きの方法はさらに発展し、岐阜県のカクシクレ遺跡からは水さらし場遺構が発見された。これは小川の横に作られた縦1メートル、横90センチメートル、深さ30センチメートルのプールで、四方が四枚の木の板で囲われている。川からここへ水を注ぎ、そして大量の木の実を入れて一気にアク抜きをしたようだ。

また岡山県の南方前池《みなみがたまえいけ》遺跡からは、ドングリのアク抜き施設付き貯蔵庫も発見されている。湧水地の上に穴を掘り、そこにドングリを入れ、その上に木の葉や木の皮などをかぶせ最後に粘土を置く。すると一番下のドングリは自然に湧水に晒され、アク抜きができている状態となる。使用する分だけ取り出し、残りはそのまま貯蔵しておけばいいというわけだ。

アク抜きの方法は木の実によって異なり、水に晒すだけだったり、水に晒した上に加熱する方法などがある。そのうちもっとも難しいアク抜きがトチ類のアク抜きで、アルカリ、つまり灰で中和してアクを抜かなければならない。

縄文人は複式炉と呼ばれる炉で大量の灰をつくり、そこでアクを抜いたと考えられている。このトチ類のアク抜きが完成した時点で、あらゆる木の実が食べられるようになったといっても過言ではないのだ。

アク抜きの施設やアク抜きと貯蔵の両方が同時に行える施設を作り、そして究極のアク抜き方法を編み出す縄文人の知恵には驚くばかりだ。

■稲とともにもたらされた大豆

米飯とともに日本人にとって欠かせない食べ物といえば味噌汁や納豆が挙げられる。これらはいずれも大豆が原料であるが、稲同様、大豆も国外からもたらされたもので、もともと日本には自生していなかったのだ。他にもヒエ、粟、ソバなどが稲とともに伝えられたという。

大豆の原産地は中国の東北地方で、そこから朝鮮半島を経て九州あたりに伝来したと考えられている。大豆の栽培技術は雑穀よりも早く広がったとみられ、弥生時代の末期には全国で栽培されるようになっていたと考えられていた。

しかし、縄文時代中期の山梨県北杜市の酒呑場遺跡から、大豆類の圧痕がある土器が発見されるなどしており、大豆の栽培や調理が縄文時代から始まっていたのではないかという見方もある。

大豆を食べるには、柔らかくするために長時間煮る必要がある。当時の土器では、何時間も火にかけていれば底に穴が開いてしまうはずだ。そこで人々は大豆を水につけてふやかし、石皿に入れてつぶした。それをこねてパンやクッキーのようなものを作っていたと考えられている。

ところで大豆から作られる加工食品といえば納豆だが、その起源にはいくつかの説が唱えられている。

なかでも有名な説が、煮た大豆があまりにも硬くてわらの上に放っておいたら、藁に生息していた納豆菌がついて納豆ができたという偶然説である。

それからの人々は、大豆を煮て土器に入れ、適度な湿気のある薄暗い場所に置いて納豆を作ったという。日本にしかない納豆は、実はちょっとした偶然が重なり合ってできたというわけだ。

■酒作りを示す証拠

ビール、ワイン、日本酒、焼酎、ウィスキー、紹興酒、テキーラなど、現在、全世界にはさまざまな種類の酒がある。

種類によって起源は異なるが、米を原料とした日本酒は縄文時代から弥生時代にかけて作られるようになったという説がある。おそらく水田稲作が伝来したころであろう。しかし、現在のように麹を用いて米を発酵させた酒が作られるようになったのは、5世紀ごろではないかといわれている。

では、米を原料にした酒が作られる以前に酒は存在しなかったのかといえば、そんなことはない。なぜなら、酒の存在を証明するものがいくつか発見されているからだ。

その原料は木の実や果実だ。青森県八幡崎《やはたざき》遺跡からカジノキの実が発見され、ガマズミの実の痕をつけた縄文土器も発掘された。これら二つは果実酒の原料になるものである。

青森県の三内丸山遺跡や岩手県の近内《ちかない》遺跡からも果実酒の原料となるニワトコの実が大量に見つかった。ニワトコの実の傍らには、匂いをかぎつけて集まったとみられるショウジョウバエの死体も集中して発見されている。

土器も重要な証拠だ。土瓶や急須のような注ぎ口と形を持つ注口《ちゆうこう》土器や、徳利形の土器が多数発見されている。注口土器の注ぎ口は下の方についており、実際の容量は見た目よりもずいぶん少ない。煮炊き用には使えず、水を飲むだけにしてはデザインが豪華なことから研究者の多くは、大切な液体を入れ、その液体を大事に少しずつ注いでいたとみており、それが酒ではないかと考えられている。

また、長野県の長峰《ながみね》遺跡からは「有孔鍔付《ゆうこうつばつき》土器」が発見された。これは口のすぐ下に等間隔で小さな穴が開けられ、その下に鍔のようなものがついているシンプルな土器であるが、中にはカジノキの実が入っていたのである。煮炊き用に使われていた形跡がないことから、酒作りに使われたとみる説も多い。

さらには天井に小さな穴をいくつも開けた大きな樽形の土器も見つかった。研究者によれば、この穴は酒を発酵させる時に生じる二酸化炭素を抜くために設けられたものだという。つまり、醸造用の土器ということになる。

こうした証拠の品々から、縄文時代には樽形の土器にカジノキやニワトコなどの実を入れ、自然に発酵させて果実酒を作っていたことは想像できるだろう。

ところで、彼らはどうやって酒の作り方を覚えたのだろうか。一つにはこんな説がある。

満月の夜、サルが熟したヤマブドウを岩穴に詰め込み、次の満月の夜、発酵したその〝酒〟を飲んでいた。ある時、偶然人間がこの酒を見つけて飲んだところ、あまりのおいしさにびっくりし、ためしに今度は自分で果実を岩穴に入れてみた。すると、同じようにおいしい果実酒ができあがっていた。こうして酒が作られるようになっていったという。

サルが酒を作るかどうかは不明だが、熟した木の実が自然に岩穴に落ちて発酵し、酒ができることはよくあるらしい。おそらく彼らはそうして自然にできた果実酒を飲んだのだろう。

つまり酒は、自然の恵みと偶然がもたらした産物だったのである。

■石器、土器の変遷からわかること

人類は生きていくため、すなわち食べるためにさまざまな道具を発明していった。おそらく人類史初期のころは石や木の枝などを拾い、それをそのまま使用して獲物を狩ったり、解体したりしていたことだろう。

そのうち石を握りやすいように加工するようになった。さらに、獲物の皮を剥いだり、肉を細かく分けたりしやすいように、鋭い刃を持つナイフ形の石器をつくったり、突き刺しやすいようにとヤリ先形の石器などを発明するようになった。材質も頁岩《けつがん》、安山岩、黒曜石《こくようせき》など用途によって変えるようになる。

現在のところ、日本最古の石器が出土したのは島根県出雲市の砂原遺跡だ。2013年の調査で、出土した石器の年代が中期旧石器時代と特定された。石を叩いて尖らせたと思われる三角形の石器や、めのうの一種でできた石片などが確認された。

4万～3万5000年前の遺跡からは自然れきの一部を加工したものや、小型の剥片を加工したキリ状の石器やナイフ状の石器、スクレイパー類が発見されている。3万2000～2万7000年前になると磨製《ませい》の斧形石器が作られるようになるが、この時代の磨製石器が発見されることは世界的にみてもまれだという。

2万7000～1万7000年前になると、石器に地方色が現れるようになる。たとえばナイフ形石器には九州型、茂呂《もろ》型（東海・関東地方）、東山《ひがしやま》型（東北地方日本海側）などがあり、さらに九州ではとくに剥片尖頭器《はくへんせんとうき》と台形石器が、中部山岳部では尖頭器が特徴的に発達しているという。

なぜそれまで均質であった石器が、地方によって異なるようになったのだろうか。

およそ3万年前ごろ、鹿児島湾奥の姶良《あいら》カルデラで巨大噴火が起きた。半径90キロメートル以内の土地は火山灰で覆われ、巨大な火砕流が堆積して南九州は不毛の大地と化してしまった。風に乗った火山灰は日本列島の広域に降り積もり、生態系に甚大な影響を与えた。

当然そこに住んでいた人間や動植物は壊滅状態になったのだが、その被害の大小でその後の人類の活動の再開スピードにも差が生じた。

さらに、この噴火は日本列島の土地の組成を大きく変え、動植物などの生態系を地方ごとに変えることになった。九州地方にみられるシラス台地は、この時の火砕流などの影響によって生じた地形だ。狩りや採集の対象である動植物の生態系が変われば、そのための道具にも変化が生まれる。

当時の石器の特性や製作技法、材料などを調査した結果、本州の中央を境に大きく東北日本と西南日本とに区分することができたのである。つまり東日本、西日本という日本列島の二大枠組みはこの時代に誕生し、それが現代にまで受け継がれてきたということだ。

さらに1万6000〜1万4000年前ごろには細石刃が発達したのだが、これも東と西とで大きく異なるという。

この細石刃文化はユーラシア大陸の東側から東北アジア、北アメリカにまで分布しているが、日本へは、北ユーラシアの文化がサハリンと朝鮮半島に伝わりその2方向から流入したと考えられている。

このころになると骨を加工したものや、骨と木や石などを組み合わせた道具で狩りや漁などを行い、土器も作られるようになる。日本で最初に作られた土器というと縄目の模様が付けられた縄文土器がすぐに思い浮かぶだろうが、縄文時代の草創期にはそれ以外の土器も作られていたのだ。

まず、土器の口あたりに粘土の帯を張り付けて指で押しただけの隆帯文土器が誕生している。次に粘土の帯をさらに細くした細隆起線文土器や細隆起線文をジグザグに張り付けた土器が発明され、そして土器の縁につめ形の模様をつけた爪形文土器、より糸を回転させて押し付けた文様の撚糸文土器、貝殻を押し付けた貝文土器などが現れる。

はっきりと縄目がつけられた縄文土器が登場するのは、この後である。

草創期の縄文土器は底が丸みを帯びているものが多い。その後、底が尖ったものから、平底のものへと移り変わっていく。口の部分に装飾を施した火焔型土器や注ぎ口を付けた注口土器などは縄文中期のものだ。

さらに縄文時代も終わりに近づいたころの晩期遺跡である青森県の亀ケ岡《かめがおか》遺跡から、盛り付け専用の漆塗りの土器が発見された。それらは極めて精巧な、そして美しい仕上がりとなっている。たとえば皿状の土器には黒と赤の漆を使い分けた独特なデザインが施されているのだ。

日本の代表的な工芸品は縄文時代にすでに作られていたということだが、染料はどうやって採っていたのだろうか。

赤色は酸化第二鉄（ベンガラ）か硫化水銀の粉を使って、黒色は油などを燃やした時に出るススや炭の粉を使ったと推測されている。福井県鳥浜《とりはま》貝塚からは赤色の漆を塗ったクシも出土している。

こうした土器の発達とともに、他の道具にも改良が加えられ、弓矢やヤリなども発明されるようになっていたのだ。

縄文時代に発明されてから未だにその形が変わらないでいる道具の一つに、釣り針がある。釣り針は当時、シカの角で作られていた。現代と同じように針の先にはかえしがついている。また軸のところに穴を開けたモリも発見されているが、この穴にヒモを通し、かかった獲物をたぐりよせたと考えられている。これも現代の捕鯨船のモリ打ちと同じ方法である。

縄文時代が終わり弥生時代になると、貯蔵用のツボ、煮炊き用のカメ、蒸し器のコシキ、盛り付け用の高坏《たかつき》などが作られるようになる。水田耕作の伝来によって木のくわやすきなどが作られ、これらはやがて鉄製へと進化した。銅や青銅製などの道具も作られるようになる。

こうして人々は今日まで生きていくために必要な、そして便利な道具を次々と開発していったのである。

■火山国という偶然の〝産物〟

では、そもそも土器はどのように発明されたのだろうか。おそらく、この問いに明確に答えられる人はいないだろう。現在もっとも有力視されている説といえば偶然説である。

火を燃やしていた時に近くにあった粘土が焼けて硬くなったことに気づいた、カゴに粘土を塗りつけて容器として使っていたが何らかの理由で焼けて土器ができたなど、偶然説にもいくつかの見解が挙げられている。

現在のところ世界最古の土器は中国江西省の洞窟遺跡から発見された約2万年前の土器片だが、日本でも世界最古級といわれる土器が出土している。青森県大平山元遺跡から発掘された土器は、1万6500〜1万5500年前のものだとされているのだ。大平山元遺跡からは世界最古の石鏃（石の矢じり）も発見されている。

日本でそれほど古い時代に土器が作られた理由として、研究者は日本が火山国であることを第一に挙げている。

流れ出た溶岩によって土や泥が硬くなり、土器のようなものができた。そこからヒントを得て人々は土器を作ったのではないかと考えられているのだ。

事実、現在みられるカルデラを作った火山活動のほとんどが2万年前ごろに起こり、それから数千年はこうした火山活動が続いていたのだ。つまり、すでに土器が作られていたであろうと思われる時期とピタリと合うのである。

今後、各地の発掘調査によって日本の遺跡から世界最古の土器が発見されても何ら不思議はないのである。

第4章

古の人々が育んだ「文化」と「精神」の源流

「埋葬」するということ

■ストーンサークルの謎

日本人が人の死を悲しむだけでなく、敬って埋葬するようになったのはいつのことだろうか。その明確な答えは得られていないが、縄文時代に土葬という形で死者を弔《とむら》ったことはわかっている。

発掘調査の結果、ある者は手足を折り曲げられて横向きに、またある者は手足を伸ばして埋葬されていた。その差の理由は明らかではないが、ただ、手足を折り曲げた屈葬に関しては、生まれた時の姿に戻すため、あるいは手足を曲げて固定し、死霊となって出てこないようにしたという説が挙げられている。

埋葬した土の上に石組みを載せた遺跡も東北地方や北海道で発見された。石組みとは、中央に大きな石を立てて周囲に小さな石を並べたり、中央から細長い石を放射状に並べたり、丸い輪郭の中に平たい石を敷いたりしたもので、さまざまな形がある。

　そうした石組みが集まってサークルを描いたのが環状列石、すなわちストーンサークルだ。ストーンサークルは主に祭りなどの儀式に使われたと考えられているが、墓地であることが明らかなストーンサークルもある。

　石組みやストーンサークルといった形状の他に大きさもいろいろあったようで、なかでも特筆すべき墓地が青森県の三内丸山遺跡の墓地だ。三内丸山遺跡は、２００人が住んでいたとされる大集落の跡である。集落の中央には全長４２０メートルにも及ぶ道が走り、その道を挟んで両側に墓がずらりと並んでいる。現在、２２０基ほどが確認されている。

　その墓のうち10基ほどが石で囲むなどして、丁重に作られていたという。これはすでにこの時代、身分階層があった証拠とみられている。副葬品の有無もその証で、秋田県湯出野《ゆでの》遺跡の約１２０基の墓地のうち、副葬品が認められたのはわずか10基しかない。

　10基の中には、ヒスイを含む１２０点の小玉などで飾られた墓もあったほどで、このことから当時、耳飾りや腕輪、脚輪、ネックレスといったアクセサリーの装着や、ヒスイの所有は一部の特権階級の人々にしか許されていなかったと考えられている。

身分階層を象徴する墓は他にもある。一つは成人女性、あるいは成人男性と幼児が合葬された墓だ。親子あるいは祖父母と孫という関係を主張する研究者もいるが、そう同時に亡くなるものではないことから、身分の高い幼児に乳母など幼児に仕えた男女が付き添ったのではないかとする見方が強い。

前述した石組みされた墓も、身分の高い人の墓ではないかと推測されている。

ところで、縄文人の人骨の中には故意に攻撃された人骨が10～20体ほど発見されている。骨盤に尖頭器が突き刺さった遺体をはじめ、腕に石鏃《せきぞく》が刺さった遺体、頭骨に大小6つの穴の開いている遺体など、なぜかどれも右側後方から攻撃されたものばかりであった。出土したイノシシの骨にも右側後方から襲われた傷跡が残っていることから、縄文人が攻撃する時の常套手段だったと指摘する声もある。要するに、縄文人は獲物だけでなく、人を攻撃することもあったということだ。

狩猟・漁労・採集の縄文時代、大地は皆のもので縄張り争いもなければ身分の違いもない平等な社会だといわれ続けてきた。しかし墓の研究によって、その説は明らかに覆されつつあるのだ。

■定住生活の開始と戦争のはじまり

確かに縄文時代にも争いごとはあっただろう。斧や矢で殺された形跡を残す人骨がその証だが、それは発掘されている4000〜5000体の人骨のうちわずか10〜20体程度に過ぎない。しかし弥生時代になると、その数は100にも達するのだ。

佐賀県の吉野ケ里《よしのがり》遺跡からは頭部のない男性の人骨が発見されている。調査の結果、骨になってから頭骨が取り去られたのではなく、生きている間、あるいは死体になってから切り取られたものであることが判明した。

また福岡県筑紫野《ちくしの》市の隈《くま》・西小田《にしおだ》遺跡からは、頭骨だけが納められた墓が発見されている。山口県土井ガ浜遺跡の集団墓地には15の矢じりを受けた男性の人骨が出土、長崎県平戸島の根獅子《ねしこ》遺跡からは頭頂部に矢じりがささったままの中年女性の人骨が発見された。

さらに大阪府の勝部《かつべ》遺跡でも、長さ10センチメートルの石やりが腰に突き刺さった男性と5本の矢を受けた男性の人骨が見つかっている。

これらの人骨は、日本における集団対集団の戦争が弥生時代に始まったことを物語っているといえるだろう。世界的にみると日本の戦争開始時期は遅い方である。環濠や城壁、武器などの出現形態から西アジアでは5000年前、中国でも5000年前、朝鮮半島では3000年前に戦争が始まったと考えられている。時期には開きがあるが、いずれも定住生活を始めたことが引き金になっていることは確かだ。

研究者によれば、定住は農耕や牧畜をはじめたことによってもたらされ、定住生活者にとって命の次に大事なものは土地だったという。その土地をめぐって争いが起こるようになったというのだ。土地だけでなく、家畜の略奪といった戦争も行われていたと推測されている。

ただし、ここで一つ疑問が生じてくる。西アジアや中国では農耕が始まってから数千年後に戦争が起こっている、つまり、農耕開始時期と戦争開始時期との間には大きな開きがあるのだ。ところが日本の場合、定住生活のきっかけとなった水田稲作が開始されてから戦争が始まるまで、わずか数百年しか経っていないのである。これはいったい何を意味するのか。研究者の多くはこうみている。

水田耕作は今から2500年前、中国（朝鮮半島）からもたらされたが、そのもたらした人々が戦争にも熟知している人々だったと。つまり、武器の作り方や攻撃に対する防御法など戦争に関する知識をあらかじめ持っていたのだ。

実際、日本に渡来する時に武器を持ってきていたのだろう。縄文人は狩りなどの道具で殺されていたのに対して、武器で殺された弥生人は少なくなかった。

研究者によれば当時、武器を持って戦うのは特定の人で、支配的な立場にあった人だという。そして、戦いのときは村人の先頭に立って戦ったのではないかと考えられている。殺された中にはもちろん一般の人々もいるが、武器を持って埋葬されているのは一般の人ではなくこうした支配的な立場にあった人々のようである。

また、弥生時代に戦争が始まったことの理由の一つとして、武器としての弓矢が広がったことが挙げられる。石のやじりは、石器時代から作られているものだが、弥生時代になるとそれがかなり大きくなり、しかも形が鋭くなっており、殺傷能力が飛躍的に増大したと考えられている。つまり、弓矢が戦争時の武器として積極的に使われるようになった可能性を示唆しているのである。

また弥生時代のムラには、その周囲に濠や堤が作られていることが多く、これは防御施設だと考えられている。

愛知県朝日遺跡は、その代表的な例である。単純な濠や堤ではなく、堀が幾重にも掘られ、木材を組み合わせたバリケードのようなものが建てられていた痕跡もある。これらは、他の集団との間で、かなり大規模な戦争が行われた証拠ではないかともいわれている。

弥生時代になって水田耕作が始まると、人々は食料を財産として所有するようになった。そこに貧富の差が生まれ、財産をめぐって奪い合いが起こるようになった。それが戦争という形になったのだと考えられる。

戦争による犠牲者も数多く出るようになり、それが埋葬の形式にも新しいものを生み出したのである。

ところで、弥生人たちはどのように埋葬されていたのだろうか。弥生時代の墓の種類は多く、縄文時代の伝統をそのまま受け継いだものに土こう墓や再葬墓があった。土こう墓は遺体をそのまま土に葬るもので、全国各地で行われていた様式である。

後に土こう墓の新しい形態として、土こう墓の周囲を濠で囲んだ方形周溝土こう墓が作られるようになる。

再葬墓とは、遺体をいったん土の中に葬り、白骨化したら掘り出してツボやカメに納めて再び土中に埋めるという方法である。東北地方では縄文時代の後期からこの方法がとられてきた。

この時代の新しい風習として登場したものには支石墓や石棺墓、木棺墓、カメ棺などがあり、最初の三つは朝鮮半島からもたらされたものである。支石墓は別名ドルメンと呼ばれ、長さ約2メートル、重さ約4トンもの大きな石を遺体を納めた場所の上に載せるもので、石は3～4カ所の支えの石で支えられている。どの石もきれいに整えられていないため、不恰好なテーブルといえるだろう。ちなみに、ドルメンとはテーブルの形をした石という意味の古い英語である。

石棺墓とは板石を箱形に組んだ石棺の墓で、木棺墓とは木の板を箱形に組んだ棺を納めた箱のことだ。これらは九州の西北部で発達した。

九州北部を中心に発達したのがカメ棺である。カメ棺とは大きなカメに遺体を入れ、その口に同じ大きさ、あるいは小さめのカメの口をはめ込んでふたをする、紡錘形の棺のことで、これを土の中に斜めに埋めるのだ。

こうした棺の中から時折銅鏡や青銅の矛や剣などが発見されるが、それは身分の高い人の墓と思われる。いずれの墓にしろ当時、大きさにはどれも大差なく、身分の高低は副葬品だけが物語っているのだ。

その後、わが国最初の統一国家である大和政権が成立したころには形も大きさもさまざまな古墳が作られるようになっていくのである。

■日本最古の人骨にひめられた謎

2017年、群馬県長野原町長野原の居家以《いやい》岩陰遺跡から人骨が発見されたというニュースが発表された。約8300年前の縄文人とみられるこの人骨は、現在のところ国内で最も古い埋葬人骨と考えられている。

発見されたのは、縄文早期の中ごろに埋葬されたとみられるもので、骨は地面に墓穴のように掘られた穴に、膝を折り曲げて入れられていた。これは、いわゆる屈葬と呼ばれる埋葬法で、乳児と思われる1体を含む4体が発見されたが、じつは他ではみられない、ある特徴があった。

上半身と下半身とが切り離され、しかも上半身・下半身のそれぞれが、切り離す前の置き方ではなく、不自然な方向を向いていたのだ。

それが何のためのものか、何を意味しているのかは、まだわかっていない。縄文人の死生観や死後の世界をどうとらえていたかを知る重要な手がかりになると思われるが、今後どのような結論が出されるのか興味深い。

■珍しい「焼かれた人骨」の発見

２０２１年10月に、縄文時代の埋葬方法としては珍しいものが発見されたというニュースが報じられた。新潟県阿賀野市にある土橋遺跡は、約４０００年前の縄文時代後期の集落遺跡だが、ここから焼けた人骨が見つかったのだ。焼けた人骨の発見はかなり珍しく、過去には愛知県で発見された例があるだけだ。

阿賀野市のこの人骨は、複数の人骨が一カ所に集められており、しかも上腕骨と脛の骨が四角く囲むように埋葬されている。これは明らかに何かの意図のある並べ方だと考えられる。

さらに、それだけではなく、それらの骨が焼かれていたのだ。

詳しい調査によるとこの集落では、まつり・生活の場、葬送の場、モノ送りの場、というように、目的によって、いくつかの「場」にはっきりと分けられていた痕跡がある。

もしかしたら焼かれた人骨には、当時の人々にとって大きな意味があったということも考えられる。縄文時代の埋葬は土葬が一般的であり、骨が焼かれているのは例がない。

■丁寧に葬られた犬が物語るもの

縄文時代の遺跡から、人骨と同じように丁寧に埋葬された犬の骨が発見された。これまでに動物の骨は無数に発掘されているが、ほとんどは各部がばらばらで、かつ割られている。これらは食べて捨てた骨である。

一方、犬の骨は全身まとまった形で特別に掘られた穴の中から出土する。つまり、犬はペットだったのだ。

縄文時代の犬は現在の柴犬に似ているといわれ、日本犬の先祖だとみられている。当時の犬は現在のように番犬の役割を果たすというよりは、狩りに欠かせない猟犬だったようだ。

当時と同じような生活を送るアフリカの原住民を調査したところ、人間1人と犬数匹で得られる獲物の数は、６人の人間だけで獲った場合の3倍という結果が得られていることからも縄文時代、いかに犬が活躍していたかがわかるだろう。

また埋葬された犬の中には、骨髄炎を起こしていた犬や老いた犬もいた。こうした狩りの役に立たなかったと思われる犬も手厚く葬られていることから、縄文人のやさしさを窺い知ることができる。

ところで、東京都八丈島の倉輪《くらわ》遺跡や北海道の遺跡からはイノシシの骨が発見されている。しかし、八丈島にも北海道にも現在、野生のイノシシは生息していない。

研究者によれば、本土からイノシシの赤ん坊＝ウリボウを丸木舟に乗せて連れて行き、そして大きくなってから食べたのではないかと推測されている。つまり縄文人は、イノシシを飼いならして家畜としていたのだ。

動物を狩って食べる一方、動物を慈しむ心を縄文人は持っていた、それは現代人とまったく同じであるといえるのではないだろうか。

文化・風習のルーツ

■儀式としての「抜歯」

人生の節目に儀式を行うのは万国共通といえよう。その方法は実にさまざまだが、なかには体を傷つける儀式も少なくない。縄文時代にも体に苦痛を与える儀式が行われていた。それは抜歯である。

現在でもスーダンやボルネオ、中国といったアフリカ、アジア、オセアニアのいくつかの国々では抜歯の風習があり、ほとんどが成人式の時に行われるという。しかし縄文時代の抜歯の儀式はどうやら1回限りではなかったらしい。

なぜなら、抜かれている歯が1～2本というのはまれで、4～5本、なかには14本も抜かれている人骨が発見されていて、到底これらが一度に抜かれたとは考えられないからだ。おそらく成人式だけでなく結婚式、葬式、あるいは再婚といった人生の節目には必ず抜歯をしていたのだろう。

ところで抜歯をする歯というのは決まっていて、上下の門歯、犬歯、第一小臼歯である。門歯は前歯と呼ばれるもので、中心の上下各4本を指す。犬歯は門歯横の尖った歯で、糸切り歯と呼ばれるものだ。第一小臼歯は犬歯横の歯である。

抜く歯の種類は時代や地域によって異なるが、基本的には門歯だけ、犬歯だけ、門歯と犬歯の組み合わせ、そしてこれら三つの様式に第一小臼歯が加わる様式とに分けられるという。

では、日本の抜歯の風習はいったいどこで始まったのだろうか。従来、仙台湾近くではじまった説と、南方から渡来したという渡来説の二つが唱えられてきたが、近年になって渡来説が有力なものとなった。沖縄県具志頭村で発見された1万8000年前の港川人の人骨の一つに抜歯が確認されたのである。

彼らは、かつて東南アジアの島々を一つに結んでいた古代の大陸、スンダランドからやって来た人々だ。港川人の抜歯のある人骨は、今のところ世界でもっとも古い抜歯の例として国内外で注目されている。この港川人が抜いている歯は下の左右の門歯で、広島県大田《おおた》貝塚と熊本県轟《とどろき》貝塚の様式と合致するのだ。だが、東日本ではこの様式はまったくみられない。

こうした事実から、日本の抜歯の風習は東南アジアから港川人へ、そして西日本へ伝わり、そこから徐々に東日本、全国へと広まっていったのではないかと考えられている。

全国に広まったころ、抜歯の様式は渥美半島と浜名湖の間に引かれた境界線で区分される西日本と東日本とで、はっきりと違いが生じていたようだ。東日本では犬歯だけだったが、西日本では犬歯も門歯も小臼歯も抜くという複雑な抜き方に発展していたのである。

一方で歯に独特の細工をする地方もあった。それは叉状研歯《さじょうけんし》というもので、上の門歯4本にフォークのような刻み目を入れ、下の門歯は抜いてしまう。主に渥美半島から大阪湾に至る地域でみられた風習である。

しかし、叉状研歯は少数の人にしかみられないものであることから、特別な身分の人だけが行ったと推測されている。また、叉状研歯が作りかけのままになった若い人の人骨も見つかっていることから、長い時間をかけて作っていったであろうことが想像できる。

それにしてもなぜ、麻酔もなく衛生的な処置方法もなかった当時の人々は歯を抜いたりしたのだろうか。かつて他の国では刑罰の一種として抜歯を行っていたことからも、どれほど痛いかは想像がつく。

一つの説としては、激痛に耐えてこそ一人前と認められたのだといわれている。また体に苦痛を与えることで外からの災害を防いだという説もある。

いずれの理由にせよ、男性も女性も我慢強かったのは確かだ。しかし抜歯という風習も、社会的変化によって2世紀ごろには姿を消してしまったようだ。

■床下に埋められたカメ棺

親が子を思う気持ちは古今東西変わりないだろうが、縄文時代は特に強かったと考えられている。当時の衛生状態や栄養状態からいって、妊産婦や乳児の死亡率は高かったはずだ。だからこそ、無事誕生したときの喜びはひとしおだったことだろう。

縄文時代、住居の出入り口の床下に深鉢を埋める風習があったことがわかっている。深鉢を調査した結果、胎盤に特有な成分が検出されたことから、出産後の胎盤や胎児をくるんだ膜、すなわちエナを納めたものとみられている。

人の出入りの度に踏まれることで健康に育つようにと祈りを込めて埋められたと考えられ、縄文時代以降もこの風習は全国各地で行われてきた。

また死産児を入れたカメ棺も、またぐことの多い家の入口から発見されている。またぐことで母体に子供の魂が戻り、次の子供が生まれることを願う妊娠呪術だという。カメ棺は胎内とも考えられ、カメ棺に納める、つまり母親の胎内に戻し再生を願ったのではないかとも考えられている。

秋田県虫内《むしない》遺跡からは、そうした死産児のカメ棺が206基も発見されている。だが、こちらは大人の墓地や住居域からも離れた場所に埋められており、土器や石器も大量に出土するという珍しい場所だった。研究者によれば、この場所はもう一つの世界の入口にもっとも近い場所として捉えられていたのではないかと推測されている。

親が子を思う気持ちは土器にも表されている。東京都八王子市の宮田《みやた》遺跡から、母親が横座りをして子供に母乳を与えている姿を表現した土器が発見された他、子供を背負った土器も発掘されている。

さらには、粘土板に子供の手を押しつけ炉に入れて焼いた、手のひらサイズの土版も発見された。これは小さ目であることから、親はこの土版を始終携帯していたと考えられている。発見された土版はほとんど片手だけのものだが、北海道余市町《よいちちょう》の入船《いりふね》遺跡からは両手の土版が見つかっている。

実は、こうした親子の光景を造形化する試みは弥生時代にはまったくみられないという。おそらく水田耕作が忙しく、親子のふれあいも少なくなり、ましてやそんな土器を作る暇もなかったのだろう。

しかし、水田耕作が軌道に乗ると古墳時代には赤ん坊をおんぶしたはにわが作られるようになるなど復活、その後は絵画や彫刻などさまざまな芸術作品の中に登場するようになるのだ。

■巨大モニュメントに隠された真相

青森県三内丸山遺跡をはじめ、東北北部の縄文遺跡の竪穴住居の一角には、たいてい浅い穴が掘り込まれている。他の地域でも、住居の奥壁に石を囲った部分があることがわかっており、研究者の多くはこれを祭壇とみている。今のところ何の祭壇かはわかっていないが、現代に受け継がれる神棚や仏壇はこのころから作られていたようだ。

また縄文時代には、いくつもの列石が作られていた。たとえば群馬県の中栗須《なかくりす》滝川《たきがわ》Ⅱ遺跡、ここには大小2500個の石が曲線を描いて並べられている。よくよく観察してみると曲線は七つあり、端と端がつながっている。つまり、Wをいくつも連ねたような形をしており、これ自体が孤を描いているのだ。

この列石が何を意味し、どのように使われていたかはまったくの謎である。

また長野県阿久《あきゅう》遺跡の配石遺構は直径100メートル、幅30メートルという巨大ドームを形成している。並べられた石の数は30万個。中央には長さ120センチメートル、厚さ30センチメートルの柱状の石や平らな石が置かれ、柱状の石はここから十数キロメートル離れた諏訪湖盆地から運ばれたものと判明した。

研究者によれば、ここは祭祀場だったという。さらに中央の石とその周辺の土に焼けた跡が残っていることから、火祭りが行われたと推測されている。

こうしたサークルは石だけでなく、木でできたウッドサークルも発見されている。石川県のチカモリ遺跡のウッドサークルは、直径およそ7メートルの円上に10本の木柱が等間隔で立っている。柱の直径は最大のもので90センチメートル。単なる木柱ではなく、縦半分に割られたかまぼこ形をしており、その断面はすべて外側に向けられていたという。残された柱根には溝や穴が開けられ、縄らしきものがついていた。

列石同様、これもいったい誰が何のために作ったかはまったく解明されていないが、モニュメント、あるいは呪術的な祭祀のための施設など諸説挙げられている。そうしたなかでも有力な説が巨木信仰にからめたものだ。

巨木信仰といえば、長野県諏訪神社の御柱祭《おんばしらまつり》が有名である。巨木をぐるぐると引き回し、崖から落として社殿に立てるというものだが、木の大きさ、縄の跡からこれと似たようなことが行われていたのではないかと推測されているのだ。

こうしたウッドサークルは石川県の真脇遺跡や新潟県の寺地《てらじ》遺跡などからも出土している。しかし、やはり用途は不明である。

ところで大きな木の建物といえば、青森県三内丸山遺跡も有名だ。直径１・８メートルの穴が４・２メートル間隔で３個ずつ２列に並んでいて、調査の結果、高さ20メートルの６本柱の建物が建っていたと推測された。祭り用のやぐらをはじめ魚群の見張り台、船への目印、社殿など用途に関しては諸説挙げられているが、真相は依然、不明のままだ。

また床や屋根があったとする意見と、ないとする意見とにも分かれている。ある研究者は、天に通ずる聖なる空間であると主張し、柱だけが天に向かってそびえ立っていたとみている。

また、6本の柱が3本ずつ向き合って北東から南西にかけて並んでいることに注目する研究者もいる。夏至の朝日は北東の真ん中の柱から昇り、冬至には南西の柱に日が沈む。このことから、夏至や冬至の祭りがここで行われたと推測しているのだ。

ストーンサークルにしろウッドサークルにしろ、何のためのものであるかはただ想像するしかないが、ただ一つ共通していえることは、こうした巨大なモニュメントを作るには相当な労働力と時間が必要だということだ。それを成し遂げた背景には当時の人々の連帯感の強さが挙げられるだろう。

それはすなわち、社会がスムーズに動いていた証でもある。逆に長期間、共同作業を行ったことで連帯感が強まったのかもしれない。

ところで、縄文時代には特別の祭祀用土人形が作られていたようだ。代表的なものの一つに遮光器《しゃこうき》土偶がある。これは大きなゴーグルをかけた、美しい模様の服を着たもので一時期宇宙人をモデルにしたともいわれ国内外でも有名になった土偶だ。

この他にも実用性を無視した祭祀用具が多数発見されている。弥生時代になると、銅鐸《どうたく》や銅剣が祈りの象徴となる。銅鐸とは寺院の鐘を横から平たく押しつぶしたような形で、上部に釣り手がついている。内側には舌《ぜつ》という振り子のような棒がぶら下がり、美しい音色を醸し出す。大きさは平均30センチメートル、大きいもので1・35メートルというものも出土している。

これまでに600個近くの銅鐸が発見されているが、発見された場所はいずれも丘陵や山の傾斜地である。

一方、銅剣も同じく丘陵から1本、3本、5本、7本と奇数でまとまって発見されることが多い。研究者によれば、銅鐸も銅剣も実用性がないことから、村の幸せを守る共同の宝器で収穫の祈り、雨乞いの祈り、台風を追い払う祈りなど、さまざまな祈りの時にこれらを祀り、終わったら埋めてしまったのではないかという。埋めておくのは村の大切な宝器を隠しておくためという説も挙げられている。

このように祭りや祈りという儀式は、数千年も前から行われてきているのだ。

神話に隠された謎

■南方の神話と『古事記』の類似点

日本に現存する最古の歴史書といえば『古事記』である。『古事記』もまた、日本人の起源を探る上では欠かせない存在だ。なぜなら『古事記』には、アジアばかりでなく世界中の神話との類似点が多々みられるからである。

その一つが8という数字だ。

スサノオノミコト（須佐之男命）が出雲の国へ行った時、1人の娘を囲んで泣いている老夫婦を見つける。わけを聞くと、老夫婦には8人の娘がいたがヤマタノオロチが毎年やって来て娘を1人ずつさらっては食べ、とうとうこの娘1人になってしまったという。ヤマタノオロチとは八つの頭と八つの尻尾を持ち、その長さは八つの谷と八つの峡にまたがるほどの大蛇で、漢字で示すと八岐大蛇となる。

話を聞いたスサノオノミコトは老夫婦にこういった。

「八塩折＝ヤシオヲリの酒を造り、家のまわりの垣に八つの門を作り、門ごとに八つの桟敷を作り、桟敷ごとに酒舟を置き、船ごとに八塩折の酒を盛りなさい」

しばらくしてヤマタノオロチがやってくるが、用意されていた酒をしこたま飲んだため酔いつぶれてその場に寝てしまう。スサノオノミコトはここぞとばかり、ヤマタノオロチの尾を切りつけて退治し、その尾から草薙の剣を取り出すのだった。

世界各地に伝わる神話には、このように特定の数字が好んで使用されることが多い。この数字は聖数と呼ばれ、民族によって異なる。インド・ヨーロッパでは3または9、ネイティブ・アメリカンでは4、ツングース語族では5、アイヌでは6、ヘブライ語族では7、そして日本では8だ。

8を聖数とするのは日本ばかりでない。太平洋南西部、オセアニアの各地に住む民族の多くがそうなのだ。このことから、日本人の南方紀源説が挙げられている。

また南方紀源説を唱える根拠はこれだけではない。

『古事記』には、海洋に漂うどろどろした国土を固めるよう命ぜられたイザナキ（伊耶那岐）とイザナミ（伊耶那美）の二神は、海水をころころと矛でかき回し、次々と島を誕生させていった、と書かれている。この島はオノゴロ島（淤能碁呂島）という。このように海底から島を釣り上げて国を作るという話はポリネシアやミクロネシア、メラネシアの南太平洋の島々に広く分布している。

マルケサス島の神話には、最初、世界は海だけだったがカヌーに乗ったティキ神が海底から陸地を釣り上げたとある。ニウェ島の神話には、太古は海だけだったが船に乗った神がやってきて海底から白い岩を釣り上げてニウェ島を作ったと記されている。

また、ポリネシアには陸地が海上を浮遊する魚だったという話も伝わっている。たとえばタヒチの神話によれば、タヒチ島はかつて海面を漂う魚の島だったため、これを固定しようと魚の腱を切って固定したという。

『古事記』にも、イザナキとイザナミによって国土が作り出される前、国土は海洋を漂っていたと記されている。まさしく同じである。

■アジアの神話分布考

では、日本の神話とアジア諸国の神話との間にはどんな共通点があるのだろうか。

中国の神話『元中記』にはこんな物語がある。

鐘山という山の上に人間の首の形をした石が置いてあった。石には二つの目と一つの口があり、左目は太陽、右目は月。左右の目は代わる代わる開いたのだった。

これと似たような話が『古事記』にも記されている。イザナキはけがれた体を清めようと水の中に入り全身を洗った。左目を洗うと太陽神のアマテラスオオミカミ（天照大神）が、右目を洗うと月神のツクヨミノミコト（月読命）が誕生したのだった。

中国の神話には他にもこんな記述がある。宇宙は最初は天と地もなく、まるでにわとりの卵のようだった。やがて巨人盤古《ばんこ》が誕生、1万8000年後には天と地の区別がつくようになり、また1万8000年経つと天と地は遠く隔たるようになった。

その後盤古が死ぬと、その死体からさまざまなものが生まれる。息からは風や雲が、左目からは太陽が、右目からは月が、そして肉は土となった。

日本と中国ではともに神の左目が太陽、右目が月ということになっているのだ。

さらに『古事記』には日本列島が誕生する様子が次のように書かれている。イザナキとイザナミはオノゴロ島の天の御柱の前でこんな会話をしていた。

「あなたの体で足りない部分を私の体の余った所で挿しふさいで国を生みましょう」

そして、2人は天の御柱を互いに反対方向に回って出会ったところで交わることを決めた。巡り合った時、イザナミから声をかけてしまったため最初に生まれたのは、できそこないの「水蛭子」と「淡島」だった。そこでもう一度やり直し、今度はイザナキのほうから声をかけると無事、非のない島が誕生したのだった。

台湾のある部族の神話では昔、大洪水を免れた兄弟の神が人間を産もうと交わったところ蛇とカエルが誕生したため、これらを祀って再度交わったところ人間が生まれたという。

他にも兄弟の神が結婚したが、最初生まれたのが魚とカニだったためムシロをはさんで交わったところ一つの白い石が誕生、石の中から4人の子供が生まれたという話が残されている。

最初に誕生したのが異形だという話はボルネオ、インドシナ半島にもあり、また男女の神が柱の周りを回るという話はインドネシアやインドにも広がっている。『古事記』を通して日本人のルーツを考えてみると、思わぬ発見があるかもしれない。

第5章　「日本語」はどこからきたのか

日本語誕生の裏側

■日本語の独自性

日本語は英語やドイツ語、フランス語といった他の言語と比べるとかなり特異な言語といえるだろう。

たとえば、主語と述語の並び方や目的語の位置などが西欧のそれとはまったく異なる上、文字をみても漢字にカタカナやひらがなが交じっているかと思えば、ローマ字やアラビア数字なども使っている。なかでも漢字は、中国の文字を日本流に変えてあり、そのうえ音読みと訓読みの二つの読み方がある。

日本語がどこから来たものなのかを探るには、このような日本語と特色が似ていて、関係が深いと思われる他の言語を探し出す必要があるが、日本語とそれらの言語がお互いに関係があるというには少なくとも文法や音韻の規則、基礎語彙が共通している、という3点が似ていなくてはならない。

単語の一つや二つ似ていてもだめで、身体を表す語彙や生活の基礎的な語彙や数など、単語としては数百個という単位で近似がみられなくては意味がないという研究者もいる。

言葉は時代とともに少しずつ変化しているため、日本語の成り立ちを推測する時には、最も古い日本語の形と他の言語の古い形を比較する必要があるが、文字としての文献が残っていないため、詳細は不明である。

日本語にはヨーロッパの言葉が持っているような同じ祖先は見出せない。英語もドイツ語ももとをたどれば、ラテン語という「祖語」から分かれたことがわかっているが、日本語はまだその祖語が見つかっていないのである。

■日本語のルーツをめぐる議論

日本語はどこから来たのか、という議論は江戸時代から盛んになり、江戸中期の儒学者・新《あら》井《い》白石《はくせき》などは、日本語と朝鮮語との類似を指摘している。

明治以降では、北アジア語同系説、特にアルタイ語に属するという説、朝鮮語と特に関係が深いとする説、さらには南方語同系説、アイヌ語から分かれたとする説などがある。最近では、中国東北地方の西遼河流域にいた農耕民が、日本語のもとになることばを最初に使ったという説が話題になった。

■日本語は北からも南からも入ってきた

日本列島に人類が登場するのは、約3万年前の旧石器時代といわれている。縄文時代は約1万2000年前から始まり、約5900〜4200年前の青森県三内丸山遺跡では200人前後と思われる人口を有する巨大縄文集落が営まれていたという。では、当初住んでいた旧石器時代人や縄文人はいったいどんな言葉で話していたのだろうか。

今となってはそれを知るすべもないが、少なくとも縄文時代は豊かな文化を持っていた。そのことから、当時、すでに人びとの生活にはコミュニケーションのための何らかの言葉があったと思われる。

人類学者によると、日本人の成り立ちはまず旧石器人が生活していたところに渡来人がやってきて、縄文人として列島に土着した。後に大陸からやってきた渡来人と縄文人が融合し、その後も大陸から相次いで渡来人が南下し、原日本人が形成された。つまり、時代時代で民族が交代したものではないことがわかるのである。

こうした人類の移動は北からも南からも、陸づたいにも半島からも海からも行われ、また気象の変化や食料の不足などによる大集団の移動もあっただろうし、また格別冒険心に富んだ小グループの移動もあっただろう。断続的にあちこちから海を渡ってきたはずで、重層的に違った人々が日本列島へやってきて、その人たちはそれぞれの言葉を持っていたと思われるのだ。

何万年という古い時代の言葉の変遷を正確に知ることはできないが、それらが混じりあうことで一つの日本語となって形成されていったことは想像にかたくない。

言葉は人とともにあり、また文化とともにあった。そのグループの持つ文化、たとえば稲作技術や機織りなどの新しい外来文化にかかわる言葉は、外来語として似た発音のまま取り入れられたはずだし、二つの言葉が出会ったときには置き換えられたり吸収しあっていったのだろう。

■中国の文献に記された痕跡

歴史上、日本が最初に登場する中国の記録『魏志』倭人伝には、「邪馬台国」や

「卑弥呼」といった名称が登場しているが、そのまま日本語の表記としてあったかといえば、それは違う。

大陸や半島との交流は、飛鳥時代の遣隋使や、それ以前の古墳時代の漢籍渡来を待たなくても朝鮮半島に漢の楽浪郡《らくろう》ができた紀元前から始まっており、その文化を携えた人々が少しずつやって来ていた。

文献に残るだけでも、『後漢書』東夷伝に書かれた「倭国王師升等が使者を派遣し、生口（奴隷）を献上」というのは紀元107年の記録だし、「奴国王が後漢に使者を派遣し、金印を受けた」のは紀元57年の記述だ。

日本が歴史に記録されたのは、『漢書地理誌』の「夫れ楽浪海中に倭人有り、分れて百余国を為す」という記述が最初で、紀元前1世紀のことになる。『漢書』にも『後漢書』にも言語の記録はないが、とにかく紀元前からどういう陸路、海路を経たかは別にして朝鮮半島や中国大陸との交流があったことはたしかである。

そして3世紀の『魏志』に現れた「邪馬台国」の記述に、初めてヒミコやヤマタイコクという原始日本語の「音」が登場した。

これは、当時の日本列島の住民に接した中国人が古代日本語の発音を耳で聞いて似た音の漢字表記を当てはめたものと推測できる。つまり、「邪馬台国」は「ヤマタイコク」、「卑弥呼」は「ヒミコ」という音に似ていたというわけだ。

ところで、福岡県糸島市では2015年に弥生時代の硯が発掘された。この地は、『魏志』倭人伝において外交拠点とされた伊都国があった場所で、どうやら楽浪郡から渡来した識字層が外交文書を作成していたとみられている。

この発見は、弥生時代に伊都国で文書が取り扱われていた重要な証拠だが、当時の弥生人が日常生活で文字を用いていたかといえば、その可能性は低く、日常的に文章を操るようになるのはやはり5世紀ごろまで待たなくてはならないという。

■琉球語との関係

これまで述べてきたように日本語のルーツは、謎につつまれている。それでも現在、そのつながりが認められているものとして琉球語がある。言語の同系性を立証するには整然たる音韻の対応が必要だが、研究者によると、沖縄県宮古島の言葉と東京の言葉の比較は、みごとなほどきれいに音韻が対応しているという。

東京の言葉で子音のh音で発音する言葉は宮古島ではp音で、母音のa音もすべて対応している。

たとえば歯は（ha→pa）、旗（hata→pata）、畠（hatake→pataki）、墓（haka→paka）、舟（fune→puni）といった具合である。さらに、音韻の対応は東京の言葉のe音が、宮古島ではi音となって対応している例もたくさんある。東京のハヒフが沖縄のパピプに対応しているだけではなく、東京のス音、リ音が沖縄のシ音、イ音に対応していることもわかっている。砂（suna→shina）、墨（sumi→shimi）、蟻（ari→ai）、栗（kuri→kui）といった具合だ。

言語学者の中には、間違いなく日本語と同系統といえるのは、琉球語しかないと考える人もいる。アクセントも日本語と対応があり、語順も一致し、さらに母音・子音の対応、代名詞、動詞、形容詞の活用の一致など、祖語を同じくする兄弟語というわけだ。

それでは、日本語と琉球語はいつ分かれたのか。

原始日本語はまず、旧石器時代から意思を伝える言葉の原型があり、それがおそらく縄文時代には小方言として広く分布し、北九州で大きな方言に統一されていたのではないか、という説がある。それが、弥生時代後期から邪馬台国のあった2、

３世紀ごろ、九州から琉球列島への何度かの大移住によって伝わった。また、この時期には、人口の増大やさまざまな要因から九州から畿内への大規模な移住も行われたという。そうして琉球へ渡った言葉は独自の発達を遂げ、古代語の片鱗を残し、今に語り継がれてきたというのだ。

またそうではなく、同じ祖先を持つ人々が琉球にも漂着して定住し、本土へも流れ着き、それぞれが定住したのだとも考えられる。

沖縄地方に文字が入ったのが１２６５年と13世紀に入ってからで、沖縄の古謡を集めた『おもろさうし』の成立は16世紀のことだ。

しかし記録的には確かなことはわからないが、沖縄本島から中国の戦国時代の通貨である明刀銭《めいとう》が出土したことから、紀元前にはすでに大陸の戦国七雄の一国だった燕《えん》国との交渉があったことが証明されているという。

港川人の発見でもわかるように、１万年以上前の旧石器時代から琉球列島には人が住んでいた。その人たちが話していた言葉はどのような言葉だったのか。上代日本語との関連は、どうなっているのか。今後のさまざまな学問的なアプローチが、「日本人の源流」をたどる手がかりとなるはずである。

●主な参考文献は以下のとおりです

『〔新装版〕アフリカで誕生した人類が日本人になるまで』溝口優司／SB新書　2020
『日本人はどこから来たのか？』海部陽介／文春文庫　2019
『絶滅の人類史』更科功／NHK出版新書　2018
『日本人になった祖先たち　DNAが解明する多元的構造』篠田謙一／NHK出版　2019
『骨が語る日本人の歴史』片山一道／筑摩書房　2015
『日本の先史時代』藤尾慎一郎／中公新書　2021
『詳説　日本史B』山川出版社　2019
『新版　一冊でわかるイラストでわかる 図解日本史』成美堂出版　2020
『食物の世界地図』ジル・フュメイ、ピエール・ラファール／柊風舎　2021
『日本語学　2018年12月号』宮地裕監、甲斐睦朗監修／明治書院　2018
『イミダス特別編集　人類の起源』馬場悠男監修、高山博編／集英社　1997
『イミダス特別編集　縄文世界の一万年』泉拓良・西田泰民編／集英社　1999
『Newton別冊　日本人のルーツ　血液型・海流で探る』竹内均編／ニュートンプレス　2000
『図解・日本の人類遺跡』小野昭・春成秀爾・小田静夫編／東京大学出版会　1992
『日本人はるかな旅展　展示目録』小田静夫・馬場悠男監修／NHK・NHKプロモーション　2001
『NHK　まんがでたどる日本人はるかな旅』馬場悠男・木村英明・小田静夫監修、NHKスペシャ

ル「日本人」プロジェクト編／ＮＨＫ出版　２００１
『日本人の誕生』埴原和郎／吉川弘文館　１９９６
『考古学と自然科学1　考古学と人類学』馬場悠男編／同成社　１９９８
『ホモ・サピエンスはどこから来たか』馬場悠男編／河出書房新社　２０００
『検証・日本列島　自然、ヒト、文化のルーツ』第13回「大学と科学」公開シンポジウム組織委員会
編／クバプロ　１９９９
『ＤＮＡが語る稲作文明』佐藤洋一郎／日本放送出版協会　１９９６
『ヒトはいかにして生まれたか』尾本恵市／岩波書店　１９９８
『神話の系譜』大林太良／講談社　１９９１
『日本人の生い立ち』山口敏／みすず書房　１９９９
『南島文化叢書21　黒潮圏の考古学』小田静夫／第一書房　２０００
『「縄文人」の謎学』小田静夫監修、島田栄昭著／青春出版社　１９９８
『モンゴロイドの地球1〜5』赤澤威他編／東京大学出版会　１９９５
『栽培植物と農耕の起源』中尾佐助／岩波書店　１９６６
『日本文化の基層を探る』佐々木高明／ＮＨＫブックス　１９９３
『日本人のきた道』池田次郎／朝日選書　１９９８
『日本語の起源』大野晋／岩波新書　１９９４
『日本語（上）』金田一春彦／岩波新書　１９８８
『日本語（下）』金田一春彦／岩波新書　１９８８

『日本語の変遷』金田一京助／講談社　1976
『分子人類学と日本人の起源』尾本恵一／裳華房　1996
『日本の歴史』児玉幸多・五味文彦・鳥海靖・平野邦雄／山川出版社　2000
『縄文人追跡』小林達雄／日本経済新聞社　2000
『日本人はどこから来たのか』岩田明著／騎虎書房　1997
『日本人の起源1～8』教育社　1993
『日本人の起源の謎』山口敏監修／中川悠紀子・山村紳一郎・山本和信・鰭木周見夫・倉橋秀夫著／日本文芸社　1997
『新説　日本人の起源』安本美典／JICC出版局　1990
『原・日本人の謎』邦光史郎／祥伝社　1989
『古代日本人の生活の謎』武光誠／大和書房　1986
『日本人の起源』埴原和郎編／小学館　1986
『日本人はどこからきたか　体から日本人の起源をさぐる』埴原和郎・尾本恵一監修／福武書店　1986
『日本人はどこからきたか　日本国誕生への道』久保哲三監修／福武書店　1986
『日本人はどこからきたか』斉藤忠／講談社　1979
『日本人はどこから来たか』樋口隆康／講談社　1971
『日本人の原像』土田直鎮・大石慎三郎・田中健夫・祖父江孝夫・高村直助監修／ぎょうせい　1986

○新聞・ホームページ

朝日新聞、日本経済新聞、読売新聞、長野県埋蔵文化財センター、NIKKEI STYLE、礼文町郷土資料館、農業生物資源研究所、大学ジャーナルONLINE、朝日新聞デジタル、栃木県埋蔵文化財センター、福井県立若狭歴史博物館、調査と情報　2019年03月号、朝日遺跡社会副教材（高校）、地質ニュース666号、JOMONFAN、鹿児島県、山梨県、NHK for School、読売新聞オンライン、NEWS Web、ナショナルジオグラフィック他

本書は、２００１年に小社より刊行された『日本人の源流』に新たな情報を加え、再編集したものです。

青春文庫

日本人《にほんじん》の源流《げんりゅう》
DNA、言語《げんご》、食《しょく》、文化《ぶんか》…が解《と》き明《あ》かす

2021年12月20日　第1刷

監修者　小《お》田《だ》静《しず》夫《お》

発行者　小澤源太郎

責任編集　株式会社プライム涌光

発行所　株式会社青春出版社

〒162-0056　東京都新宿区若松町 12-1
電話 03-3203-2850（編集部）
03-3207-1916（営業部）
振替番号　00190-7-98602

印刷／大日本印刷
製本／ナショナル製本
ISBN 978-4-413-09793-2